工业碱渣在公路工程中的应用技术

秦兰芳　著

黄河水利出版社

·郑 州·

内 容 提 要

本书通过系统地研究氨碱法制碱过程中产生的废弃碱渣在公路工程建设中的综合应用,为废弃碱渣寻找到了一条无害化综合利用的新途径,进一步完善了碱渣综合治理理论,为进一步发展循环经济、改善自然环境提供了理论基础和实践依据。

本书可供从事公路、市政等工程建设的施工、监理、管理、设计及其他相关人员参考使用,亦可作为相关专业师生的阅读用书。

图书在版编目(CIP)数据

工业碱渣在公路工程中的应用技术/ 秦兰芳著. —郑州:黄河水利出版社,2019.6
ISBN 978 - 7 - 5509 - 2385 - 0

Ⅰ.①工… Ⅱ.①秦… Ⅲ.①工业废物 - 碱渣 - 应用 - 道路工程 - 研究 Ⅳ.①X705

中国版本图书馆 CIP 数据核字(2019)第 105309 号

组稿编辑:杨雯惠 电话:0371 - 66020903 E-mail:yangwenhui923@163.com

出 版 社:黄河水利出版社 网址:www.yrcp.com
地址:河南省郑州市顺河路黄委会综合楼 14 层 邮政编码:450003
发行单位:黄河水利出版社
发行部电话:0371 - 66026940、66020550、66028024、66022620(传真)
E-mail:hhslcbs@126.com
承印单位:虎彩印艺股份有限公司
开本:890 mm × 1 240 mm 1/32
印张:3.75
字数:108 千字 印数:1—1 000
版次:2019 年 6 月第 1 版 印次:2019 年 6 月第 1 次印刷

定价:25.00 元

前　言

　　碱渣是指工业生产中制碱和碱处理过程中排放的碱性废渣。它包含氨碱法制碱过程中排放的废渣和其他工业生产过程中排放的碱性废渣。碱渣成分主要包括以碳酸钙、硫酸钙、氯化钙等钙盐为主要组分的废渣，还含有少量的二氧化硫等成分。我国氨碱法制碱可达 421 万 t/年。由于氨碱法纯碱生产工艺的特点，每生产 1 t 纯碱要向外排放 0.3 t 的碱渣，一个年产 80 万 t 纯碱的工厂，每年用于废渣排放的费用约需 1 000 万元。一般情况下，碱渣采用地表堆积的处理方式，大量的碱渣沉积后形成一片"白海"，造成了周围区域的污染。因此，有效利用碱渣，变废为宝，具有明显的社会效益和经济效益，前景广阔。通过研究工业碱渣氯离子固定转化、工业碱渣为原料的综合稳定土的最佳配合比、无侧限抗压强度、氯离子残余量对环境的综合评价，实现工业碱渣在公路工程中的综合利用，为废弃碱渣寻找一条无害化综合利用的新途径，达到根治工业碱渣对环境的污染、实现循环经济的目标。

　　工业碱渣在公路工程中的应用技术在省道 S238 常付路孟州至省界段改建工程建设过程中得到研究与应用，历时 4 年，取得了比较满意的成果。期间，研究工作获得了焦作市公路管理局、焦作市交通基本建设工程质量检测监督站、河南理工大学、河南鹏程路桥建设有限公司等单位的大力支持，受到了徐长江高级工程师、王文举高级工程师等的帮助和指导，在此表示衷心的感谢！

　　本书由焦作市公路管理局高级工程师秦兰芳撰写。在撰写过程中，参考了国内外大量资料，在此未能一一列出，特向资料的原作者表示衷心的感谢！

由于作者经验不足和水平有限,不妥之处在所难免,恳请读者批评指正,并将意见反馈给我们,使我们在今后的工作与修订中加以改正。

作 者
2018 年 12 月

目　录

第一章　绪　论

　　我国氨碱法生产纯碱的大型企业有数十家,年产量是全世界的 1/10,年产生的废液约 3 000 多万 m^3,碱渣近 300 万 t。工业废碱渣的堆放一方面占用大量土地,另一方面对区域环境造成很大危害,成为氨碱法制碱久攻不破的难题,严重制约着碱业的可持续发展。特别是我国加入世界贸易组织(WTO)以来,国内纯碱工业面临着来自美国等天然纯碱业的巨大竞争和挑战,除价格等因素外,能否有效地综合利用碱渣,变废为宝、化害为利,已成为在这场竞争中的重要砝码。焦作碱业集团有限责任公司是焦作市龙头企业之一,纯碱生产能力达每年 10 万 t 左右。由于采取氨碱法制碱工艺,生产过程中产生大量碱性含渣废液,废液中含碱性固渣量每立方米约 0.3 t。这些废渣未采取任何有效综合利用措施,全部集中堆放于洪河渣场,占地约 65 340 m^2,累积堆放量 35 万 t 左右。洪河渣场位于焦作市区北部山区洪河村,是利用群英河谷修建而成的,碱渣涉及的汇水面积约 10 km^2,并处于焦作市饮用水源一级保护区内。据有关地质资料,在该渣场下游由北向南分布着一条大断层及数条小断层,分别是凤凰岭大断层和三十九号井小断层、九里山小断层等,这些断层多为张性正断层,断距多达数百米,断层及断层破碎带成为水力上下联系的通道,为碱渣中污染物(淋溶的氯离子)的下渗提供了通道,也为污染物的迁移提供了条件。由于在建设渣场之初,受当时各方面因素的影响,该渣场未采取任何防渗处理措施即投入使用,废渣中的污染物下渗,对地下水环境造成了污染,因此探索规模利用工业废碱渣的新途径是解决环境污染的主要途径,也是一劳永逸的根治方法。通过加入少量的复合外掺剂,充分激活碱渣中的有效成分,配制成回填土的改性剂或公路路面结构层综合稳定材料的固化剂,作为一种新资源代替现有原材料,广泛应用于公路、铁路、土木建筑工程中,不仅可以解决碱渣对环境的污染问题,而且能降低工程成本,实现既发展经济又保护环境的双赢的目的。

第一节　碱渣的组成

碱渣的 X 射线衍射(XRD)结果表明碱渣的主要物相为碳酸钙和氯化钠,在此基础上,分别采用二氧化硅重量法、EDTA 直接容量法、反滴法、差减法、离子选择电极法、莫尔法、硫酸钡重量法以及酸分解 - 烧碱石棉吸收法分析了碱渣中硅、铁、铝、钙、镁、钠、氯、硫、碳等多种元素的含量,其结果分别为 3.12%、0.70%、0.79%、21.45%、7.82%、2.21%、15.65%、0.41%、5.87%,3 次测定的相对标准偏差(RSD)小于 5.80%,回收率试验结果在 94.24% ~ 102.34%。分析数据表明,该方法准确度好、精度高、成本低,能够满足工业生产中对碱渣主要元素进行测定的要求。

第二节　碱渣的性质

碱渣是以 $CaCO_3$、$CaSO_4$、$CaCl_2$ 等钙盐为主要组分的废渣,还含有 SiO_2 等成分,因此可用于水泥等建筑工程材料;碱渣溶液偏碱性,pH 值在 10 左右,可用于改良酸性和微酸性土壤;碱渣粒度很细,使得碱渣比表面积很大,具有胶体性质,可用作吸附剂等。另外,碱渣中氯化物含量很高,主要以 $CaCl_2$、$NaCl$ 形式存在,其氯离子质量分数可达 15%(绝干状态)。

第三节　碱渣常规的处理方法

一、直接处理法

直接处理法一般是以焚烧法为主要技术。

二、中和法

中和法是对碱渣和废液采用二氧化碳或硫酸进行中和,调节 pH 值,然后进入污水处理厂进行生化处理的方法。

三、湿式空气氧化法

湿式空气氧化法是在高温高压的条件下,以空气中的氧气作为氧化剂,在液相中将有机物氧化为二氧化碳和水等无机物或小分子有机物;或在低温低压下,将碱渣中的碱化物氧化成盐,但对化学需氧量(COD)的去除效果不理想,成本也较高。

四、化学氧化法

化学氧化法是采用化学药剂为氧化剂,氧化碱渣中的氧化性有机物和无机物发生氧化还原反应,从而去除污染物的方法。

五、生物法

生物法是通过微生物的新陈代谢作用,使碱渣废液中的无机物等有害物质被微生物降解转化为无毒无害物质的方法。这种方法经济、实用、高效,是应用比较广泛的碱渣处理方法。

六、碱渣脱硫处理法

(1)由锅炉产生的烟气首先通过除尘器除尘,除尘后的烟气进入减温吸收塔进行烟气降温和初步脱除 SO_2 气体。

(2)减温吸收塔内喷淋下来的吸收剂浆液汇集到洗涤浆液循环池,洗涤浆液循环池内的部分浆液返回减温吸收塔内进行循环喷淋。

(3)经过初步脱硫后的烟气随后进入半干式烟气脱硫塔进一步脱硫,半干式烟气脱硫塔内喷入的浆液来自于洗涤浆液循环池。

(4)经过两次脱硫后的烟气通过除尘器从烟囱排出。

本烟气脱硫方法具有脱硫效率高、吸收剂利用率高、无废水排放、脱硫塔内不易结垢,达到"以废治废"的特点。

七、固定化微生物法

选用厌氧生物滤池（G-AF）和曝气生物滤池（G-baf）相结合作为生物处理工艺，厌氧生物滤池利用厌氧微生物的水解、发酵、酸化作用，大量降低COD，提高污水的生物需氧量（BOD）与化学需氧量的比值（B/C），通过反硝化菌实现脱氮，还可降低污水处理成本；厌氧生物滤池的出水进入曝气生物滤池进行好氧处理，使有机物转变为二氧化碳和水，氨氮转变为硝酸银和亚硝酸根；选用高分子网状悬浮滤料，解决了反冲洗问题，选用的微生物是高效专用微生物与复合酶制剂，采用基因工程手段对自然微生物强化与改性，提高了微生物的活性及适应性，可有效降解污水中的污染物。

八、沉淀法

向装有一定量碱渣的反应器中加入一定量的沉淀剂，在一定温度下用恒温磁力搅拌器搅拌以进行沉淀反应，反应一段时间后进行澄清，澄清液即再生碱液。将沉淀滤渣在自动程序升温炉中灼烧，沉淀剂得以再生。主要化学反应为

$$Na_2S + CuO + H_2O \longrightarrow 2NaOH + CuS$$

$$NaSR + CuO + H_2O \longrightarrow NaOH + CuSR + R_2S_2$$

式中：R代表链烃基。

反应生成的沉淀物主要由 CuS、CuSR 和未反应的 CuO 及吸附的有机物组成。经固液分离，沉淀物在炉中灼烧后，得到再生 CuO，可循环使用，反应为

$$CuS + O_2（空气）\longrightarrow CuO + SO_2$$

灼烧的尾气可用饱和 Na_2CO_3 溶液吸收，生成焦亚硫酸钠副产品。

第二章　国内外关于工业废碱渣综合利用的现状

第一节　国外工业废碱渣综合利用的现状

苏联的别列兹尼科夫斯克碱厂曾建有生产钙肥的半工业生产装置。首先对碱渣进行水洗脱氯,用 $3 \sim 4 \ m^3$ 的水洗 1 t 干泥,可使氯含量小于 10%,这样可作为土壤改良剂。如果继续水洗使氯含量降至 6% 以下,再掺入白垩使氯降至 2% 以下,可作为钙镁肥,用于改良酸性土壤。小麦、玉米、甜菜田间试验结果表明,无论直接使用或与其他化肥混用,这种钙镁肥均有改良土壤、提高作物产量的作用。

1977 年,苏联建成了年产 8 万 t 碱渣水泥的试验厂。用碱渣代替石灰配成饱和系数 0.93 ~ 0.95、硅酸系数 2.2 ~ 2.5 的混合料,经煅烧可制得符合苏联标准的水泥。

荷兰的德尔夫赛夫碱厂通过管道将碱渣浆液输入艾姆河口,输送到距海岸线 700 m 处,通过海水的扩散和稀释作用,解决了碱渣排放问题。德国和保加利亚的碱厂也有采用这种方式排渣的。波兰是利用碱渣生产钙镁肥最好的国家,1974 年,波兰克拉克夫碱厂将 40% 的废碱渣制成钙镁肥,1975 年则将其全部制成钙镁肥,其生产工艺与苏联类似。

在日本则将碱渣浆液脱水后填海造地,废清液则排入海中,日本脱水的设备主要采用自动板框压滤机,经该压滤机压出的碱渣,含水约 50%,可直接与黏土和工业垃圾混合,用于填海造地。另外,将碱渣水洗至含氯离子小于 8% 后,在 900 ℃ 下煅烧 90 min 即可获得生石灰产品。

第二节　国内工业废碱渣综合利用的现状

我国从 20 世纪 80 年代开始就着手对工业废碱渣综合利用进行了研究。天津碱厂与大连制碱工业研究所合作,用碱渣制钙肥。三年试验结果表明,在我国南方用钙镁肥代替石灰改良酸性土壤,可增加地力,使水稻、大豆、花生、大麦、玉米等农作物增产。1982 年在大连地区的试验取得了同样好的效果。

天津 1983 年建成年产 4 000 t 碱渣水泥试验厂。试验结果表明,利用 50% 碱渣、38% ~ 40% 石粉、4% ~ 5% 铁粉、5% ~ 6% 粉煤灰,维持饱和系数 0.85 ~ 0.90、硅酸率 1.5 ~ 2.0,可制得 32.5 级水泥。试生产时存在如下问题:①$CaCl_2$ 的熔点为 722 ℃,$NaCl$ 的熔点为 800 ℃。在 727 ℃下脱氯呈半熔融状态,影响物料分散性,反应不完全;②产生大量 HCl 气体,对设备腐蚀严重,且污染大气环境。

20 世纪 80 年代,天津市开始利用碱渣作为填垫材料,用于厂区、住宅区及厂内铁路地基建设,并获得成功。

进入 1996 年后,天津市对碱渣制工程土进行了深入研究,在周边地区进行回填试验,可满足本地区 0.08 MPa 的地基承载要求,在接近最优含水量的情况下,回填土的地基承载力可达 0.15 MPa 以上。1997 年"天津碱厂碱渣土工程利用研究"项目通过国家建设部鉴定。

另外,我国也先后公布了部分废碱渣综合利用的发明专利:碱渣粉煤灰制回填土的方法(专利公告号 CN1100485A);碱渣制工程土的方法(专利公告号 CN1130158A);排放碱渣直接制工程用土的方法(专利公告号 CN1193000);堆积碱渣制工程用土的操作方法(专利公告号 CN1196292A);一种汽提塔废碱渣处理装置(专利公告号 CN207581450U);一种碱渣处理方法(专利公告号 CN107739125A);碱渣废液处理系统(专利公告号 CN105621778A);一种抗冻融碱渣固化土及其制备方法(专利公告号 CN107129226A);一种炼化碱渣的资源综合利用方法(专利公告号 CN108529819A);一种粗铅精炼碱渣处理方法(专利公告号 CN108220624A);以碱渣作为掺合料的混凝土及其制备方法(专利公告号 CN103288400A);一种用粉煤灰、碱渣制工程用土的方法(专利公告号 CN1191207)等。

综上所述,国外对碱渣的综合利用方法成本高,难以推广。我国的碱渣综合利用发明的专利大多是把碱渣作为一种代"土"原料来使用。虽然通过上述专利的实施消化了大量的碱渣,在保护环境方面起到了一定的积极作用,但是土资源和碱渣资源比较,土资源相对丰富广泛,有土的地方和有建筑填充料(沙、矿渣、砾石、碎石)的地方相对碱渣较易取得且经济;而碱渣场相对集中,运距愈远成本愈高。另外,按上述发明专利配制的"碱渣土"虽有一定的力学性能,但强度远远达不到很多土建工程中要求的力学指标,这就使得上述发明专利在推广应用中有明显的局限性。碱渣在其他主要行业(如在化工、轻工行业,包括在橡胶、塑料、造纸、填料、环保工程、燃煤脱硫剂中的应用等)的综合利用,均取得一定进展,但受各种因素(主要是生产成本)影响未能大量推广应用。因此,将工业碱渣作为胶凝材料大量用于公路、铁路、土建工程中替代部分现有原材料,不仅可以节约能源,彻底消除工业碱渣这一污染源,而且可以降低工程建设成本,社会经济效益非常可观。

第三节 国内外工业废碱渣综合利用途径

一、利用碱渣制建筑工程材料

(1)利用碱渣制砌块。煤炭科学研究总院唐山分院的赵志强等通过试验,确定碱渣经磁处理脱盐后可添加在粉煤灰中,提高其制品的性能。利用磁技术除去碱渣中的可溶盐,能免除可溶盐对制品的破坏作用。将脱盐处理后的碱渣与粉煤灰分别进行活化处理,然后分别按不小于30%的质量比配料,制作试件,再分别按有关标准进行强度试验,其中两种配方强度超过标准 10 MPa,可在建筑上使用。山东海化集团有限公司与山东化工研究院共同研究利用碱渣做盐田护坡砌块,主要方法是碱渣、水泥、沙子、添加剂按一定比例混合均匀,积压成型,晾干即可出成品。

（2）利用碱渣制建筑胶凝材料。

（3）利用碱渣生产新型水泥。

（4）用于工程土、干固造地。碱渣经煅烧后可应用于工业与民用建筑地基或道路路基,也可作为低洼地的填垫材料。1981～1986 年,天津碱厂对用碱渣代替黄土作为填垫材料进行了研究,他们以风干的碱渣为对象,确定了不同适用对象的不同配方。1996 年,天津碱厂对碱渣制工程土进行了深入研究,在周边地区进行回填试验,可满足本地区 80 kPa 的地基承载要求,在接近最优含水量的情况下,回填土的承载力可达 150 kPa 以上。1996 年 9～12 月,中国科学院大连化学物理研究所完成了实验室规模的试验,研制出使碱渣淤泥加速干固、抗压强度增加的干固剂,并开发了加速碱渣干固的新技术,申请了发明专利。另外,杨德安等利用天津碱厂的碱渣和其他原料试制石灰石质釉面砖,试验结果表明,当碱渣含量在 19%～28% 时,素烧温度为 1 040～1 050 ℃,采用低温釉在 950 ℃下釉烧,可制得符合外观、吸水率和抗折强度标准的釉面砖。王晴等利用碱渣和粉煤灰为主要原料,掺入部分水玻璃,经磨细、配料、成球以及烧成而得到高强度、低密度陶粒。日本的氨碱厂都在海边,陆地又缺乏,所以日本将碱渣浆液脱水后填海造地,废清液则排入海中。

二、利用碱渣制土壤改良剂或钙镁多元复合肥料

碱渣中含有大量的农作物所需的 Ca、Mg、Si、K、P 等多种微量元素,用其做土壤改良剂,代替石灰改良酸性、微酸性土壤,可调整土壤的 pH 值;加强有益微生物活动,促进有机质的分解,补充微量元素,使农作物增产。大连制碱工业所 1977 年使用了天津碱厂白灰埝经多年淋洗含氯较低的表层废渣,经过在湖南、福建、江西、云南四省红壤地区和大连微酸性缺钙土壤试验,取得了很好的效果。黄志红等利用广东南方碱业股份有限公司的湿碱渣经干燥、粉碎、筛分后,与尿素、氯化钾混合制成钙镁多元复合肥料。天津市顺鸿碱渣地产开发有限公司自行研制的"碱渣、钾长石制氯化钾工艺方法"技术,利用碱渣、钾长石做原料生产氯化钾收到较好的效果。碱渣综合利用的有效途径之一是生产特

种水泥,山东建材学院在山东海化集团有限公司的支持下,进行了在碱渣盐泥中提取轻质氧化镁的研究。试验结果表明,从碱渣盐泥中提取氧化镁后的残渣,经洗涤后除去氯根,可用作水泥和其他建筑胶凝材料的原料,漂洗残渣用的水可返回,循环使用。

第三章 工业废碱渣在公路工程中综合利用可行性研究

随着我国工农业生产的蓬勃发展,冶金、石油、化工等工业生产迅速增长,许多地方有大量工业废渣,我国公路和城建部门在路面建筑方面本着就地取材、综合利用的原则,20世纪末利用工业废渣修筑了不少优质低价的石灰稳定类混合料路面,提高了工程质量,降低了修建路面的费用,并为综合利用废渣筑路取得了初步经验。

工业废渣种类很多,如煤渣、水淬渣、电炉渣(其他钢渣)、电石渣、粉煤灰、硫铁矿渣等均可利用。其中,有的废渣可单独使用,如电炉渣(其他钢渣)等;有的要组合使用,如石灰渣(石灰下脚、电石渣)和煤渣组合渣叫作二渣,若再掺入部分碎石或水淬渣后配成的混合渣叫作三渣;在二渣或三渣中掺入部分土叫作二渣土或三渣土。这些工业废渣经过交通和城建工程技术人员的大胆尝试和反复实践,已将其作为公路、铁路、土木建筑中的填垫材料,用于工程建设中。交通部已将石灰工业废渣稳定土写入《公路路面基层施工技术规范》(JTJ 034—2000)。作为氨碱法制碱所产出的碱渣能否作为建材用于建设项目中,是本书研究的方向。为此,本书对工业碱渣的来源、化学成分、物理特性及综合利用的可行性进行了全面系统的分析研究。

第一节 碱渣的来源

碱渣来自于氨碱法工艺生产纯碱企业所排放的碱性废渣,通过纯碱的生产工艺可了解这些碱性废渣的来源、成分和性能。

1861年,比利时人苏尔维在总结了前人提出的各种制碱方法的基础上,提出氨碱法制碱流程,到1872年正式投入生产。氨碱法生产纯碱主要是利用食盐、石灰石、焦炭(白煤)、氨等四种原料。氨碱法生产纯碱主要是通过一系列的化学反应,使盐(氧化钠)中的钠离子和石灰

石(碳酸钙)中的碳酸根离子结合,转化为纯碱,可用下面的方程式表示:

$$2NaCl + CaCO_3 = Na_2CO_3 + CaCl_2$$

生产过程可分为以下四个步骤:

(1)将石灰石在窑内煅烧,分解为氧化钙和二氧化碳,氧化钙与水熟化后成为氢氧化钙。

$$CaCO_3 = CaO + CO_2 \uparrow$$
$$CaO + H_2O = Ca(OH)_2$$

(2)用食盐制成的饱和盐水吸收氨及二氧化碳,生成氯化铵及碳酸氢钠。

$$NaCl + NH_3 + CO_2 + H_2O = NH_4Cl + NaHCO_3$$

(3)将碳酸氢钠煅烧得纯碱,并回收近一半的二氧化碳。

$$NaHCO_3 \longrightarrow Na_2CO_3 + H_2O + CO_2 \uparrow$$

(4)将氯化铵加石灰乳分解,回收氨。

$$2NH_4Cl + Ca(OH)_2 \longrightarrow CaCl_2 + 2NH_3 \uparrow + H_2O$$

在生产过程中,先制得饱和食盐水,除去其中的钙、镁等杂质,经澄清后得到的水清液在吸氨塔中进行吸氨,制得氨盐水。然后,以 CO_2 在碳酸化塔中进行碳酸化而得到 $NaHCO_3$。经过滤机分离而得到的 $NaHCO_3$ 结晶,送至煅烧炉中进行煅烧,得到 Na_2CO_3。其过滤母液加入石灰乳反应,并蒸馏回收其中的 NH_3 进行循环使用。

石灰石煅烧产生的 CO_2 经净化、压缩后,一部分送往碳酸化塔供氨盐水碳酸化之用,另一部分用来精制食盐水,除去其中的杂质 Ca^{2+};而生石灰[$Ca(OH)_2$]则用于精制食盐水(除去其中的杂质 Mg^{2+}),并能分解过滤母液中的 NH_4Cl,以回收 NH_3。

第二节 氨碱法制工业纯碱碱渣的成分分析

在氨碱法纯碱生产过程中,在盐水除 Mg^{2+} 等杂质以及蒸氨过程中使用的石灰乳,除部分钙离子被用掉(变成 $CaCO_3$、$CaCl_2$)外,其余的钙和全部的镁都还保留在碱渣中,其钙、镁总量仍然较高,这种碱渣多存放于纯碱厂附近废渣堆放厂,不仅污染环境,而且影响企业的可持续发展。

经过对氨碱法制工业纯碱产生的碱渣,进行系列成分分析,结果如表 3-1 所示。

表 3-1　碱渣成分分析结果

指标	$CaCO_3$	CaO	$CaCl_2$	$Mg(OH)_2$	Al_2O_3	Fe_2O_3	SiO_2	NaCl	其他
含量(%)	31.3	12.5	15.7	9.9	2.1	2.3	10.7	7.2	8.3

一、碱渣的化学成分与组成结构

根据上述工业废渣的成分分析结果,其主要化学成分为难溶的盐类,包括碳酸钙、氧化钙及钙、铝、镁、铁、硅等氧化物。通过对碱渣进行差热分析、能谱分析、X 射线衍射分析和电镜扫描分析等一系列分析研究表明:碱渣是种孔隙大、颗粒细的固体物料。其主要矿物成分为文石,颗粒极细小,通常其粒径仅 $2 \sim 5 \, \mu m$,但文石往往不是以单个颗粒形式独立存在的,而是由多个文石颗粒构成的集合体,由集合体进一步构成聚集体,形成架空的结构体系。集合体直径通常为 $10 \, \mu m$ 左右,聚集体直径则达 $15 \sim 25 \, \mu m$。这些聚集体结构复杂,有空隙,但连接紧密,其结构不易破坏。碱渣的电镜扫描图如图 3-1 所示。

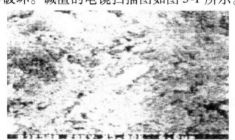

图 3-1　碱渣的电镜扫描图

二、碱渣的矿物成分

碱渣矿物为结晶不良次生 $CaCO_3$,即文石,并含有少量菱面体结晶的方解石($CaCO_3$),次要矿物有伊利石$[(K, H_3O) \cdot (Al, Fe, Mg)_4 \cdot (Si, Al)_8 O_{20} (OH)_4]$、绿泥石$[(Mg, Al, Fe)_{12} (Si, Al)_8 O_{20} (OH)_{16}]$、高岭石$[Al_2(Si_2O_5) \cdot (OH)_4]$、石英($SiO_2$)、长石($KAlSi_2O_6$)、蒙脱石

$[(Na,Ca)_{0.33}(Al,Mg)_2Si_4O_{10}(OH)_2 \cdot nH_2O]$。

第三节 石灰与碱渣的性质比较

石灰成分分析结果如表3-2所示。

表3-2 石灰成分分析结果

指标	CaCO$_3$	CaO	MgO	Al$_2$O$_3$	Fe$_2$O$_3$	SiO$_2$
含量(%)	1.8	783	3.9	1.9	1.3	5.7

从表3-1和表3-2可以看出,其主要物质成分相近而含量不同,这说明纯碱厂碱渣代替部分石灰作为胶凝性材料是可行的。氨碱法纯碱厂盐水精制和蒸氨过程中用掉了原石灰中的部分 Ca^{2+},但其中的 Mg^{2+} 及剩余的 Ca^{2+} 仍然存在。碱渣中氧化钙含量比较低,但碳酸钙、氯化钙、氧化镁、二氧化硅含量比较高,而石灰中氧化钙含量却比较高,若将两者混合则形成有效成分的优势互补。若再使用部分改性添加剂,其增加黏聚力的能力会更强,所以完全可以作为一种新型的胶凝材料配制填土路基改性土或公路路面结构层综合稳定土。

由此可见,碱渣作为具有强度的建筑材料和胶凝材料,从其化学组成和结构特征来看是可行的。然而,碱渣能否单独作为原材料使用或与其他材料混合使用,并能充分发挥碱渣中上述有效成分以达到增加制品强度的目的,是本书研究的关键。为此,本书对焦作碱业股份有限公司用氨碱法制碱得到的碱渣进行了反复系统的室内试验研究,终于找到了一种利用工业碱渣代替部分生石灰配制成公路、铁路以及其他土建筑工程用的改性土或公路路面结构层综合稳定土的有效方法。

第四节 实验室试验

一、试验研究内容

(1)检验碱渣能否作为建筑材料应用于工程建设中。

(2)碱渣与何种物质混合后能够满足《公路工程质量检验评定标准 第二册 土建工程》(JTG/F 80/1—2017)所规定的各项技术指标。

（3）碱渣作为原材料使用后能否降低工程成本。

（4）碱渣作为原材料使用后，加入何种物质、采取何种工艺能使其污染物（氯离子）得到固定转化，不会造成二次污染。

（5）作为胶凝材料的碱渣适用的领域。

二、试验设计原则

（一）公路工程对原材料的质量要求

无论碱渣作为原材料单独使用还是与其他原材料混合使用，必须满足工程质量要求：①具有足够的强度和刚度；②具有足够的水稳定性和冰冻稳定性；③收缩性小等。保证公路的工程质量和使用寿命。

（二）公路工程对原材料经济性和工艺性能的要求

满足公路工程的经济性，即降低工程造价，工艺简单、易于操作、便于掌握，以及研究成果能否产生社会效益和经济效益。

（三）公路工程对原材料在环境保护上的要求

碱渣作为建筑材料的副作用物为残余氯离子，大量地集中使用后可能会给土壤和水质带来二次污染。因此，碱渣作为建筑材料使用时所占比例为多少才不会成为二次污染源，是制约该研究成果能否应用的主要因素。

三、试验方法与设备

本试验中土和混合料的击实试验采用重型击实试验法；试件强度是在规定温度、湿度下保温、保湿养护 6 d，浸水 24 h 后，按《公路工程无机结合料稳定材料试验规程》（JT E51—2009）进行无侧限抗压强度试验。试验主要设备包括电动击实仪（LD-140 型）、压力试验机（NYL-2000D）、路面材料强度测定仪（LD127-I1 型）、氯离子溶出率测定仪等。

四、原材料试验

土样选择为武陟县普通农田土，碱渣为洪河渣厂废弃碱渣，石灰为焦作市马村区立窑取样，粉煤灰取样于焦作电厂。各种原材料试验见表3-3~表3-7。

表 3-3 液塑限联合测定试验记录（一）

工程名称：　科研　　　　　　　　试样编号：　　　　　　　　用途：
施工单位：　　　　　　　　　　　取样地点：　　　　　　　　施工路段：

试验次数		1	1	2	2	3	3
入土深度（mm）	h_1	4.50		10.20		20.00	
	h_2	4.70		9.80		19.80	
	$(h_1+h_2)/2$	4.60		10.00		19.90	
项目	盒号	54	3	6	65	64	34
	盒重（g）	15.10	14.66	16.60	16.77	16.40	16.45
	盒+湿土重（g）	36.29	36.98	40.12	44.52	41.26	38.70
	盒+干土重（g）	32.85	33.36	35.58	39.20	35.61	33.65
	水分重（g）	3.44	3.62	4.54	5.32	5.65	5.05
	干土重（g）	17.75	18.70	18.98	22.43	19.21	17.20
	含水量（%）	19.4	19.4	23.9	23.7	29.4	29.4
	平均含水量（%）	19.4		23.8		29.4	

液限 $\omega_L = 29.4\%$

塑限 $\omega_P = 11.2\%$

塑性指数 $I_P = \omega_L - \omega_P = 18.2$

土工程分类：低液限黏土

表3-4 液塑限联合测定试验记录（二）

工程名称：　废渣液塑限　　　　试样编号：　　　　　用途：

施工单位：　　　　　　　　　　取样地点：　　　　　施工路段：

试验次数		1		2		3	
入土深度 （mm）	h_1	4.60		9.80		20.00	
	h_2	4.80		9.60		19.80	
	$(h_1+h_2)/2$	4.70		9.70		19.90	
含水量 （%）	盒号	59	55	56	47	4	8
	盒重（g）	15.37	15.01	16.68	15.10	16.26	16.34
	盒+湿土重（g）	42.33	42.39	52.35	53.01	65.58	64.90
	盒+干土重（g）	34.05	33.71	40.48	40.39	47.97	47.56
	水分重（g）	8.28	8.68	11.87	12.62	17.61	17.34
	干土重（g）	18.68	18.70	23.80	25.29	31.71	31.22
	含水量（%）	44.3	46.4	49.9	49.9	55.5	55.5
	平均含水量（%）	45.4		49.9		55.5	

液限 $\omega_L = 55.6\%$

塑限 $\omega_P = 41.5\%$

塑性指数 $I_P = \omega_L - \omega_P = 14.1$

土工程分类：高液限粉土

表 3-5 细集料松方密度试验记录

工程名称						
样品名称		施工单位				
产地						

<table>
<tr><td rowspan="2">堆积密度</td><td>试验次数</td><td>容量筒容积
（mL）</td><td>容量筒质量
（g）</td><td>堆积密度砂
与容量筒质量
（g）</td><td>堆积密度
砂质量
（g）</td><td>堆积密度
（g/cm³）</td><td>平均
（g/cm³）</td></tr>
<tr><td></td><td></td><td></td><td></td><td></td><td></td><td></td></tr>
<tr><td></td><td>1</td><td>1 033.90</td><td>438.400</td><td>1 126.300</td><td>687.900</td><td>0.67</td><td rowspan="2">0.67</td></tr>
<tr><td></td><td>2</td><td>1 033.90</td><td>438.400</td><td>1 131.200</td><td>692.800</td><td>0.67</td></tr>
<tr><td rowspan="2">紧装密度</td><td>试验次数</td><td>容量筒容积
（mL）</td><td>容量筒质量
（g）</td><td>紧装密度砂
与容量筒质量
（g）</td><td>紧装密度
砂质量
（g）</td><td>紧装密度
（g/cm³）</td><td>平均
（g/cm³）</td></tr>
<tr><td></td><td></td><td></td><td></td><td></td><td></td><td></td></tr>
<tr><td></td><td>1</td><td>1 033.90</td><td>438.100</td><td>1 286.000</td><td>847.900</td><td>0.82</td><td rowspan="2">0.82</td></tr>
<tr><td></td><td>2</td><td>1 033.90</td><td>438.100</td><td>1 287.400</td><td>847.300</td><td>0.82</td></tr>
</table>

表 3-6　石灰 CaO + MgO 含量测定记录

工程名称	科研		施工单位	
石灰产地			石灰种类	钙质消石灰
样品编号	1	2		
盐酸浓度（以 N 计,mg/L）	0.874	0.874		
盛样皿质量（g）	59.518 7	69.695 7		
盛样皿与试样质量（g）	60.340 2	70.527 0		
试样质量（g）	0.821 5	0.831 3		
盐酸初读数（mL）	0.6	0.5		
盐酸终读数（mL）	23.1	22.7		
消耗盐酸体积（mL）	22.5	22.2		
活性 CaO + MgO 含量（%）	67.0	65.4		
平均值（%）	66.2			

备注：

依据 JTG E51—2009,所检指标符合技术要求,属于 Ⅱ 级灰。

表 3-7 粉煤灰检验报告

样品名称	粉煤灰	级别	Ⅲ
委托单位		工程名称	科研
生产厂名		取样地点	
使用部位		抽样方式	随机取样
代表批量		检验类别	
检验依据	《用于水泥和混凝土中的粉煤灰》	标准代号	GB/T 1596—2017
检验项目	单位	标准	检验结果
细度(不大于)	%	45	36.5
需水量比(不大于)	%	115	102.2
烧失量(不大于)	%	15	9.6
含水量	%	不规定	10.3
三氧化硫(不大于)	%	3	1.1

结论:

依据 GB/T 1596—2017,所检验指标符合Ⅲ级灰技术要求。

试验结果表明:土的液限为 29.4%、塑限为 11.2%、塑性指数为 18.2,属于低液限黏土;碱渣的液限为 55.6%、塑限为 41.5%、塑性指数为 14.1;表观密度为 2.586 g/cm³;堆积密度为 0.67 g/cm³;紧装密度为 0.82 g/cm³;有效钙、镁含量为 3.6%;氯离子含量为 142 g/kg;石灰的活性 CaO 和 MgO 含量为 66.2%;属于二级钙质消石灰。粉煤灰的五项指标达到Ⅲ级灰要求。

五、碱渣作为单独原材料试验

为检验碱渣能否作为一种原材料,对其进行击实试验和无侧限抗压强度试验。

(一)碱渣击实试验

碱渣击实试验结果如图 3-2 和图 3-3 所示。

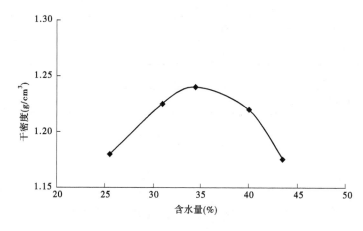

图 3-2　碱渣含量为 100% 标准击实曲线

(最大干密度:1.24 g/cm³,最佳含水量:34.50%)

(二)纯碱渣无侧限抗压强度试验

纯碱渣无侧限抗压强度试验结果如表 3-8 所示。

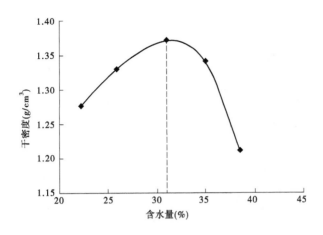

图 3-3　碱渣含量为 100% 标准击实曲线

（最大干密度：1.37 g/cm³，最佳含水量：31.00%）

表 3-8　纯碱渣无侧限抗压强度试验结果

序号	配合比 （碱渣, %）	最大干密度 （g/cm³）	最佳含 水量（%）	强度（MPa）							说明
				1	2	3	4	5	6	平均	
1	100	1.24	34.50	0	0	0	0	0	0	0	
2	100	1.37	31.00	0	0	0	0	0	0	0	

六、常用的几种结合料与碱渣混合后的试验

综合国内外用于公路建设中水泥、粉煤灰（二灰）综合稳定材料和石灰工业废渣稳定材料的成功经验，根据上述碱渣的化学成分分析和矿物组成结构的研究，按照试验设计原则，在碱渣中分别加入水泥、石灰、粉煤灰作为结合料，配制出综合稳定土进行击实试验和无侧限抗压强度试验。

（一）水泥－碱渣－土的击实试验
水泥－碱渣－土的标准击实曲线如图 3-4 和图 3-5 所示。

（二）水泥－碱渣－土混合材料的无侧限抗压强度试验
水泥－碱渣－土混合材料的无侧限抗压强度试验结果如表 3-9 所示。

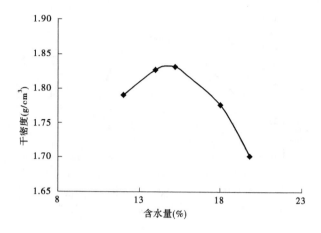

图 3-4　配合比为 2∶18∶80 水泥 – 碱渣 – 土的标准击实曲线

（最大干密度：1.83 g/cm³,最佳含水量:15.20%）

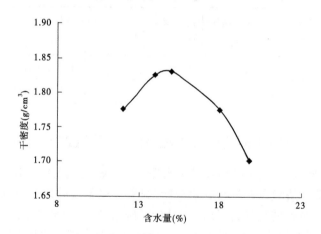

图 3-5　配合比为 3∶17∶80 水泥 – 碱渣 – 土的标准击实曲线

（最大干密度:1.83 g/cm³,最佳含水量: 15.00%）

表 3-9　水泥－碱渣－土混合材料的无侧限抗压强度试验结果

序号	配合比（水泥：碱渣：土）	最大干密度（g/cm³）	最佳含水量（%）	强度（MPa）							说明
				1	2	3	4	5	6	平均	
1	2:18:80	1.83	15.20	0	0	0	0	0	0	0	
2	3:17:80	1.83	15.00	0	0	0	0	0	0	0	

（三）粉煤灰－碱渣－土混合材料的击实试验

不同比例的粉煤灰－碱渣－土的标准击实曲线如图 3-6～图 3-8 所示。

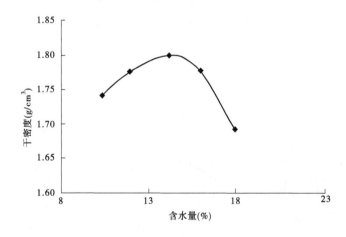

图 3-6　配合比为 8:12:80 粉煤灰－碱渣－土的标准击实曲线

（最大干密度:1.80 g/cm³,最佳含水量:14.20%）

（四）粉煤灰－碱渣－土混合材料的无侧限抗压强度试验

不同配合比的粉煤灰－碱渣－土的无侧限抗压强度如表 3-10 所示。

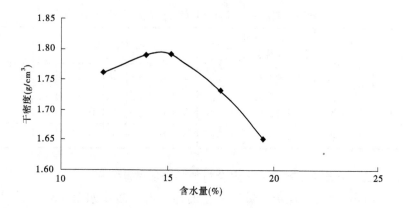

图 3-7   配合比为 10∶10∶80 粉煤灰 – 碱渣 – 土的标准击实曲线

（最大干密度：1.79 g/cm³,最佳含水量：15.20%）

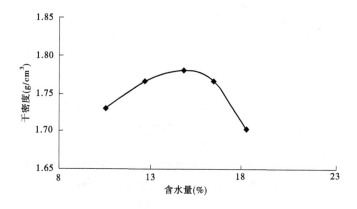

图 3-8   配合比为 12∶8∶80 粉煤灰 – 碱渣 – 土标准击实曲线

（最大干密度：1.78 g/cm³,最佳含水量：14.80%）

表 3-10   不同配合比的粉煤灰 – 碱渣 – 土的无侧限抗压强度

序号	配合比（水泥:碱渣:土）	最大干密度（g/cm³）	最佳含水量（%）	强度(MPa)							说明
				1	2	3	4	5	6	平均	
1	8:12:80	1.80	14.20	0	0	0	0	0	0	0	
2	10:10:80	1.79	15.20	0	0	0	0	0	0	0	
3	12:8:80	1.78	14.80	0	0	0	0	0	0	0	

（五）石灰 – 碱渣 – 土混合材料的击实试验

不同配合比的石灰 – 碱渣 – 土的击实曲线如图 3-9 ~ 图 3-11 所示。

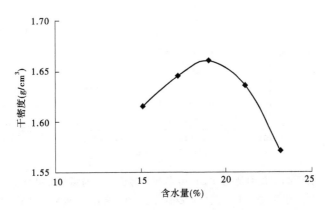

图 3-9   配合比为 10:20:70 石灰 – 碱渣 – 土的标准击实曲线
（最大干密度:1.66 g/cm³,最佳含水量:19.00%）

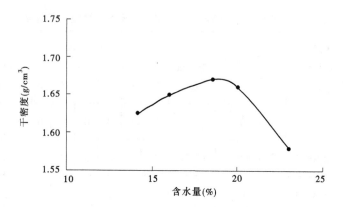

图 3-10　配合比为 8∶22∶70 石灰 – 碱渣 – 土的标准击实曲线

（最大干密度:1.67 g/cm³,最佳含水量:18.50%）

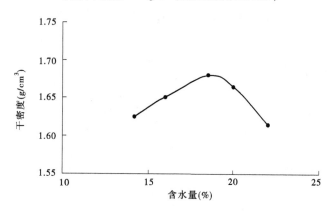

图 3-11　配合比为 6∶24∶70 石灰 – 碱渣 – 土的标准击实曲线

（最大干密度:1.68 g/cm³,最佳含水量:18.30%）

（六）石灰 – 碱渣 – 土的无侧限抗压强度试验

不同配合比的石灰 – 碱渣 – 土的无侧限抗压强度如表 3-11 所示。

（七）试验小结

（1）碱渣单独作为一种原材料使用,其特性是低液限粉土,质轻、无强度、氯离子含量高(>140 g/kg 干碱渣),若淋溶后可能造成污染,且运费高、不经济,故不能推广应用。

表 3-11　不同配合比的石灰－碱渣－土的无侧限抗压强度

序号	配合比(石灰:碱渣:土)	最大干密度(g/cm³)	最佳含水量(%)	强度(MPa)							说明
				1	2	3	4	5	6	平均	
1	10:20:70	1.66	19.00	1.09	1.13	1.05	0.94	1.07	1.19	1.08	
2	8:22:70	1.67	18.50	1.03	0.96	1.02	0.93	1.01	1.08	1.01	
3	6:24:70	1.68	18.30	0.93	0.96	1.13	0.97	0.97	1.14	1.02	

（2）水泥剂量为 3% 时,水泥－碱渣－土混合材料不产生强度,也就是说在碱渣土中加入水泥,只能增加成本而不能增加强度。如果靠加大水泥剂量来增加强度,将会使成本显著增加,故难以大面积推广应用。

（3）碱渣对粉煤灰活性没有明显激活作用,这说明,在碱渣中加入粉煤灰,引起胶凝降低的作用大于对粉煤灰活性的激发作用,据此可以认为,用碱渣粉煤灰拌和后,仅能作为轻型填料使用,不能作为胶凝性结合材料使用。

（4）石灰对碱渣的有效成分有明显的激活作用,特别是对于塑性指数小于 15 的粉性黏土,仅用 6% 的石灰剂量即可使综合稳定土的无侧限抗压强度达到 1 MPa 以上。

第五节　配合比优化试验

为进一步说明石灰对碱渣有效成分的激活作用,应对同种材料（石灰土）的石灰稳定土进行对比试验。试验结果表明,对同一种土（塑性指数不变）用 6% 的石灰制成的石灰碱渣稳定土,其强度大于 10% 的石灰稳定土。这说明石灰能激活碱渣中的有效成分。碱渣的加入可以减少石灰稳定土中石灰剂量,但是由于碱渣的含水量过大（一般从渣场取回的碱渣试样,其含水量在 38% ~62%）,试验中发现随着石灰剂量的减少,石灰和碱渣的掺拌难度增加（这是因为石灰对碱渣中水分有吸附作用,反过来,碱渣中所含水分对石灰亦起到消解作用),这给以后大面积施工造成工艺上的困难,因此可配制一种复合外加剂(激发剂、减水剂),主要成分是 Na_2CO_3 和粉煤灰,其他成分含量为石灰剂量的20%,并且可通过掺入外加剂,使其充分激活碱渣中的有效成分,在尽量减少石灰剂量的情况下,能够得到较高强度的稳定土,以达到降低成本的目的。另外,还可利用外加剂的减水效应,吸附碱渣中水分,使石灰碱渣易于拌和,以提高工效。综上,应进行大量配合比的优化试验,以下是部分试验结果。

一、外加剂对石灰－碱渣－土强度和氯离子溶出量的影响

(1)石灰含量降至3%时,不掺复合外加剂与掺入复合外加剂后碱渣配合比对强度和氯离子溶出量的影响如表3-12、表3-13 和图3-12、图3-13 所示。

表3-12　不掺复合外加剂的石灰－碱渣－土强度和氯离子溶出量

序号	配合比 (石灰:碱渣:土)	强度 (MPa)	氯离子溶出量 (g/kg)	说明
1	3:32:65	0.64	38.8	
2	3:27:70	0.66	36.8	
3	3:22:75	0.78	35.1	
4	3:20:77	0.80	30.3	
5	3:18:79	0.77	28.6	
6	3:16:81	0.75	25.8	
7	3:14:83	0.75	22.2	

表 3-13　掺入复合外加剂的石灰－碱渣－土强度和氯离子溶出量

序号	配合比 （石灰:碱渣:土）	强度 （MPa）	氯离子溶出量 （g/kg）	说明
1	3:25:72	0.76	28.7	
2	3:22:75	0.83	26.3	
3	3:20:77	0.89	24.4	
4	3:18:80	1.05	21.6	
5	3:16:81	1.16	18.3	
6	3:14:83	1.10	18.3	
7	3:12:85	1.04	16.1	
8	3:10:87	0.99	11.5	

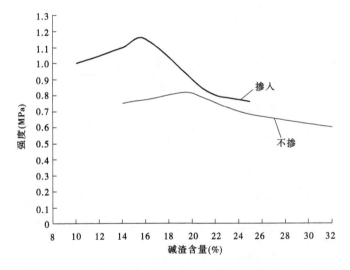

图 3-12　石灰含量为 3% 时，掺入复合外加剂
与不掺复合外加剂稳定土的强度对比

（2）石灰含量降至 2% 时，不掺复合外加剂与掺入复合外加剂后，石灰－碱渣－土的配合比对强度和氯离子溶出量的影响如表 3-14、表 3-15 和图 3-14、图 3-15 所示。

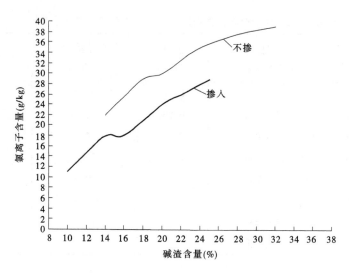

图 3-13　石灰含量为 3% 时, 掺入复合外加剂
与不掺复合外加剂稳定土的氯离子溶出量对比

表 3-14　不掺复合外加剂的石灰－碱渣－土强度和氯离子溶出量

序号	配合比 （石灰：碱渣：土）	强度 （MPa）	氯离子溶出量 （g/kg）	说明
1	2：24：74	0	48.5	
2	2：22：76	0	43.9	
3	2：20：78	0.58	33.3	
4	2：18：80	0.63	26.5	
5	2：16：82	0.62	25.4	
6	2：14：84	0.61	21.6	

表 3-15 掺入复合外加剂的石灰－碱渣－土强度和氯离子溶出量

序号	配合比 （石灰:碱渣:土）	强度 （MPa）	氯离子溶出量 （g/kg）	说明
1	2:32:66	0.66	39.1	
2	2:27:71	0.70	33.5	
3	2:22:76	0.77	30.8	
4	2:20:78	0.85	28.4	
5	2:18:80	1.05	23.6	
6	2:16:82	1.01	21.5	
7	2:14:84	0.96	21.3	

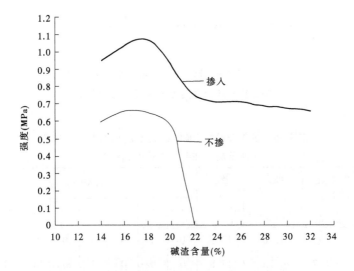

图 3-14 石灰含量为 2% 时,掺入复合外加剂与
不掺复合外加剂稳定土的强度对比

二、掺入外掺剂后最小石灰剂量的石灰－碱渣－土强度
试验结果

掺入外掺剂后最小石灰剂量的石灰－碱渣－土强度试验结果见

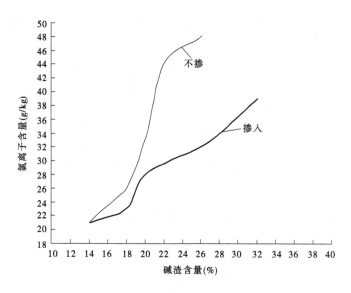

图 3-15　石灰含量为 2% 时,掺入复合外加剂与
不掺复合外加剂稳定土的氯离子溶出量对比

表 3-16。

表 3-16　石灰含量为 1% 时掺入 1% 外加剂,碱渣掺量
对石灰－碱渣－土强度的影响

序号	配合比（石灰:碱渣:土）	最大干密度（g/cm³）	最佳含水量（%）	强度（MPa）							说明
				1	2	3	4	5	6	平均	
1	1:24:75	1.70	17.9	0	0	0	0	0	0	0	
2	1:22:77	1.72	17.8	0	0	0	0	0	0	0	
3	1:20:79	1.73	17.3	0.57	0.57	0.61	0.60	0.63	0.52	0.58	
4	1:18:81	1.74	17.0	0.63	0.66	0.66	0.67	0.59	0.59	0.63	
5	1:16:83	1.75	16.7	0.63	0.64	0.64	0.60	0.64	0.62	0.63	
6	1:14:85	1.76	16.8	16.8	0.64	0.60	0.58	0.59	0.60	0.61	
7	1:12:87	1.78	16.8	16.8	0.61	0.59	0.58	0.55	0.60	0.59	

三、配合比优化试验小结

通过上述配合比优化后的土工试验结果可以看出：

（1）随着石灰剂量的减少，石灰－碱渣－土的强度逐渐降低，但不改变石灰－碱渣－土的其他性质。

（2）当石灰剂量一定时，碱渣掺入量的增加，使得石灰－碱渣－土氯离子的溶出量增加。

（3）石灰和碱渣掺入量达某一个配合比时，其强度会出现一个峰值，这说明在这一配合比时石灰和碱渣的协同效应达到最佳。

（4）在配合比一定的情况下，掺入外加剂的稳定土，其强度比不掺外加剂时有明显的提高，而残余氯离子的溶出量显著下降，这说明复合外加剂对石灰－碱渣－土中的化学成分有明显的激活作用或协同作用，对游离氯离子的固定和转化具有强化作用。

（5）掺入复合外加剂后，用最小石灰剂量（1%）可满足公路工程回填土的补强改性（强度值也可达到0.5 MPa以上），或二级路以下的路面结构层的底基层所要求的强度。

（6）选用石灰－碱渣－土作为各等级公路路面底基层，与石灰土相比，可减少石灰用量2～6倍，且能满足其强度要求。

第四章 石灰碱渣稳定土 强度产生机制

第一节 碱渣、石灰、土的物理和化学作用

石灰、碱渣可改善土的可塑性,将石灰、碱渣与土拌和后可生成稳定土。稳定土是将石灰、碱渣与土按比例配合,加适量的水均匀混合后,分层摊铺,夯实而成的。可增加其密度,由于夯实后的灰土处于地下潮湿环境,在潮湿环境的长期作用下,黏土颗粒表面的少量活性 SiO_2 和 Al_2O_3 与 $Ca(OH)_2$ 发生火山灰反应,生成不溶性的水化硅酸钙与水化铝酸钙凝胶,并逐渐变为微晶,将黏土颗粒胶结起来,提高了黏土的强度和耐水性。反应只在黏土颗粒表面进行,石灰、碱渣和 SiO_2 的反应与黏土颗粒的大小有关,颗粒越小,在同样 OH^- 浓度下反应越快。为提高底基层空隙中 OH^- 的浓度,可掺入一些易溶的外加剂,以提高 $Ca(OH)_2$ 的溶解度,如 $NaCl$、$MgCl_2$ 和 Na_2CO_3 等。因此,在土中掺入适量的石灰、碱渣,并在最佳含水量下拌和均匀并压实,使石灰、碱渣与土之间发生一系列的物理、化学作用,从而使土的性质发生根本变化。这些变化归纳起来分为四个方面:一是离子交换作用;二是结晶硬化作用;三是火山灰作用;四是碳酸化作用。

一、离子交换作用

土的微小颗粒一般都带有负电荷,表面吸附着一定数量的 Na^+、H^+、K^+ 等低价阳离子,石灰和碱渣属于强电解质,在土中掺入石灰、碱渣和水后,石灰、碱渣在溶液中电离出来的 Ca^{2+} 就与土中的 Na^+、H^+、K^+ 产生离子交换作用。原来的钠土、钾土变成了钙土,土颗粒表面所吸附的离子由一价变成了二价,减少了土颗粒表面的负电荷和颗粒表

面吸附水膜的厚度,使土颗粒相互之间更为接近,分子引力随之增加,许多单个土颗粒聚成小团粒,组成一个稳定结构。

二、结晶硬化作用

在石灰和碱渣中只有一部分熟石灰$[Ca(OH)_2]$进行了离子交换作用,绝大部分饱和$Ca(OH)_2$自行结晶。熟石灰与水作用生成熟石灰结晶网格,其化学反应式为

$$Ca(OH)_2 + nH_2O \longrightarrow Ca(OH)_2 \cdot nH_2O$$

三、火山灰作用

石灰和碱渣中的游离Ca^{2+}与土中的活性氧化硅(SiO_2)和氧化铝(Al_2O_3)作用生成含水的硅酸钙和铝酸钙,其化学反应式为

$$xCa(OH)_2 + SiO_2 + nH_2O \longrightarrow xCaO \cdot SiO_2 \cdot (n+1)H_2O$$

$$xCa(OH)_2 + Al_2O_3 + nH_2O \longrightarrow xCaO \cdot Al_2O_3 \cdot (n+1)H_2O$$

以上形成的熟石灰结晶网格及含水的硅酸钙和铝酸钙结晶都是胶凝物质,它们具有水硬性并能在固体和水两相环境下发生硬化。这些胶凝物质在土微粒团的外围形成一层稳定保护膜,或填充颗粒空隙,而使颗粒间产生结合料,减小空隙与降低透水性,同时提高密实度。这是石灰碱渣稳定土获得强度和水稳定性的基本原因,但这种作用比较缓慢。

四、碳酸化作用

石灰碱渣稳定土中的$Ca(OH)_2$与空气中的CO_2作用,其化学反应式为

$$Ca(OH)_2 + CO_2 = CaCO_3 + H_2O$$

$CaCO_3$是坚硬的结晶体,它和其他已生成的复杂盐类结合起来,可大大提高土的强度和整体性。

由于以上的各种反应,减弱了土的吸附水膜作用,促使土颗粒凝集

和凝聚,形成团粒结构,从而减小土的塑性指数;石灰碱渣稳定土的最佳含水量随石灰剂量增加而增大,而最大干密度则随石灰剂量增加而减小;石灰的掺入能明显地提高土的无侧限抗压强度及整体强度。

第二节　石灰碱渣稳定土火山灰作用的热力学原理

石灰稳定土材料在公路建设中已经得到了广泛的应用和长足的发展。尽管如此,对石灰稳定土的材料强度、水稳性、收缩性等工程性质发展过程中内在的物理、化学作用原理的认识还远远不够。石灰碱渣稳定土虽然比石灰稳定土有更为优良的使用性能,但是作为稳定土的基本作用,石灰－碱渣－土之间的物理和化学作用,尤其是石灰－碱渣－土之间的火山灰作用原理的研究未见有报道,本书在这方面做了一些有益的探讨。

反应的热力学研究,只需要知道系统的初态、终态和系统所处的条件。因此,应用反应中少量的热力学数据,借助并不复杂的数学计算可以研究系统反应变化过程中的能量转化关系,以及变化过程进行的方向和限度。将热力学方法用在石灰－碱渣－土之间的火山灰作用的研究中,并用于分析稳定土的有关工程性质变化规律,是在石灰碱渣稳定土强度形成机制研究中的首次尝试。

一、石灰碱渣稳定土火山灰反应的热力学分析

石灰与碱渣的水化产物 $Ca(OH)_2$ 与黏土间的火山灰反应是石灰碱渣稳定土后期强度增长的主要动力。

石灰碱渣稳定土中火山灰反应是 $CaO—SiO_2—Al_2O_3—H_2O$ 四元系统反应,进而可以看成 $CaO—SiO_2—H_2O$ 和 $CaO—Al_2O_3—H_2O$ 两个三元系统组成的反应。石灰碱渣稳定土中火山灰反应生成物主要是这两个三元系统在常温下反应生成物的单体或共生体。

石灰碱渣稳定土工地养护时环境气温随季节和昼夜变化而变化,而无论是用于试验研究还是用于工程质量评价的室内稳定土试件均在

一定温度、湿度下养护,应用石灰碱渣稳定土火山灰反应在等温下进行的条件,一般地区的稳定土都处在常压下,而常压范围内压力微小变化不会对反应进程产生显著影响,因此能够应用压力恒定不变且等于100 kPa的条件。

对于这一主要反应,在给定条件下能否自发进行的方向和程度,外界条件(温度、浓度、压力等)对反应及平衡的影响,可以通过热力学理论进行分析。

二、石灰碱渣稳定土火山灰反应的方向和限度

石灰—碱渣的水化产物$Ca(OH)_2$与黏土间的火山灰反应是石灰碱渣稳定土后期强度增长的主要动力。对于这一主要反应,在给定条件下能否自发进行的方向和程度,外界条件(温度、压力、浓度)对反应及平衡的影响,可以通过热力学理论进行分析。

为方便研究问题,只就标准状态下的火山灰反应进行讨论。系统摩尔反应Gibbs函数为

$$\Delta_r G_m^{\ominus}(298\ K) = \Delta_r H_m^{\ominus}(298\ K) - 298 \times \Delta_r S_m^{\ominus}(298\ K) \quad (4\text{-}1)$$

式中:$\Delta_r H_m^{\ominus}(298\ K)$为反应在25 ℃的标准摩尔反应焓;$\Delta_r S_m^{\ominus}(298\ K)$为反应在25 ℃的标准摩尔反应熵;$\Delta_r G_m^{\ominus}(298\ K)$为反应在25 ℃的标准摩尔Gibbs函数。

当$\Delta_r G_m^{\ominus}(298\ K) < 0$时,生成物的Gibbs函数(自由能)小于反应物的Gibbs函数(自由能),反应自发进行。$\Delta_r G_m^{\ominus}(298\ K)$负值越大,反应进行的推动力越大,完成的限度越高。

火山灰反应的定性描述是

$$x Ca(OH)_2 + SiO_2 + n H_2O \rightarrow x CaO \cdot SiO_2 \cdot (n+x) H_2O$$

$$y Ca(OH)_2 + Al_2O_3 + n H_2O \rightarrow y CaO \cdot Al_2O_3 \cdot (n+y) H_2O$$

由标准热力学数据手册可知,反应物和生成物的$\Delta_r H_m^{\ominus}(298\ K)$分别是:$Ca(OH)_2$ -986.6 kJ/mol,SiO_2 -859.39 kJ/mol,Al_2O_3 -1 669.79 kJ/mol,CaO -635.55 kJ/mol,H_2O -285.85 kJ/mol;$Ca(OH)_2$为76.1 J/(K·mol),SiO_2为41.48 J/(K·mol),Al_2O_3为

51.00 J/(K·mol),CaO 为 39.75 J/(K·mol),H_2O 为 69.96 J/(K·mol)。因此,当石灰碱渣稳定土的火山灰反应生成物为水硅钙石时,摩尔反应 Gibbs 函数的计算过程如下:

$$2Ca(OH)_2 + SiO_2 + nH_2O = 2CaO \cdot 1.17SiO_2 \cdot 1.83H_2O;$$
$$\Delta_r H_m^{\ominus}(298\ K) = 2 \times 635.55 + 2 \times 285.85 - 2 \times 986.6 = -130.4(kJ/mol)$$
$$\Delta_r S_m^{\ominus}(298\ K) = 2 \times 39.75 + 2 \times 69.96 - 2 \times 76.1 = 67.22\ [J/(K \cdot mol)]$$
$$\Delta_r G_m^{\ominus}(298\ K) = \Delta_r H_m^{\ominus}(298\ K) - 298 \times \Delta_r S_m^{\ominus}(298\ K)$$
$$= -130.4 - 298 \times 67.22 \times 10^{-3}$$
$$= -150.43(kJ/mol)$$

同理,可计算火山灰反应能够生成的各种水化硅酸钙、水化铝酸钙的摩尔反应 Gibbs 自由能变化,计算结果如表 4-1 所示。

表 4-1 水化硅酸钙、水化铝酸钙的摩尔反应 Gibbs 自由能变化计算结果

反应序号	反应生成物		$\Delta_r G_m^{\ominus}(298\ K)$
	名称	化学计算式	(kJ/mol)
1	水硅钙石	$2CaO \cdot SiO_2 \cdot 1.17H_2O$	-150.43
2	硅酸钙石	$3CaO \cdot 3SiO_2 \cdot 3H_2O$	-225.65
3	斜方硅钙石	$4CaO \cdot 3SiO_2 \cdot 1.5H_2O$	-300.86
4	硬硅钙石	$6CaO \cdot 6SiO_2 \cdot H_2O$	-451.29
5	单硅钙石	$5CaO \cdot 6SiO_2 \cdot 3H_2O$	-376.08
6	托勃莫来石	$5CaO \cdot 6SiO_2 \cdot 5.5H_2O$	-376.08
7	单斜硅钙石	$5CaO \cdot 6SiO_2 \cdot 10.5H_2O$	-376.08
8	白钙沸石	$2CaO \cdot 3SiO_2 \cdot 2.5H_2O$	-150.43
9	纤维硅钙石	$CaO \cdot 2SiO_2 \cdot 2H_2O$	-75.21
10		$3CaO \cdot Al_2O_3 \cdot 6H_2O$	-225.65
11		$4CaO \cdot Al_2O_3 \cdot 19H_2O$	-300.86
12		$4CaO \cdot Al_2O_3 \cdot 13H_2O$	-300.86
13		$2CaO \cdot Al_2O_3 \cdot 8H_2O$	-150.43

从表 4-1 可以看出,火山灰反应生成物中 C/S 为 1 或 5/6 时,摩尔反应 Gibbs 函数变化最小,而 C/S 为 5/6 的生成物被统称为托勃莫来石族矿物,CSH(Ⅰ)和 CSH(Ⅱ)与天然托勃莫来石族矿物在结构上相近,通常以"弱结晶托勃莫来石"或"托勃莫来石凝胶"来概括这两种生成物的状态,因此火山灰反应生成物——水化硅酸钙中除 C/S 范围不定的 C—S—H 凝胶外,主要是低结晶度的托勃莫来石族矿物 CSH(Ⅰ)和 CSH(Ⅱ)。水化铝酸钙系列产物中,$4CaO \cdot Al_2O_3 \cdot 13H_2O$ 和 $4CaO \cdot Al_2O_3 \cdot 19H_2O$ 的 $\Delta_r G_m^{\ominus}$(298 K)最小,故生成它们两者的反应内在推动力最大。另外在常温条件下,混合料一旦稍微干燥,$4CaO \cdot Al_2O_3 \cdot 19H_2O$ 就会脱水生成 $4CaO \cdot Al_2O_3 \cdot 13H_2O$。

三、各种因素对石灰碱渣稳定土火山灰反应的影响

CH 与黏土间的火山灰反应实际上属于非平衡系统,它进行的方向和限度可以通过范特荷甫化学反应等温方程来进行判断。

恒温养护条件下的石灰碱渣稳定土中火山灰反应的 Gibbs 函数变化 $\Delta_r G_m$ 满足范特荷甫化学反应等温方程式。

$$\Delta_r G_m = -RT\ln K_a^{\ominus} + RT\ln Q_a \qquad (4-2)$$

式中:$K_a^{\ominus}$ 为反应在 T 温度下的平衡常数,$K_a^{\ominus} = \exp(-\Delta_r G_m/RT)$;$Q_a$ 为在 T 温度下任意状态时反应物和生成物的活度比;R 为气体常数。

当 $Q_a < K_a^{\ominus}$ 时,$\Delta_r G_m < 0$,反应正向进行;

当 $Q_a = K_a^{\ominus}$ 时,$\Delta_r G_m = 0$,反应呈平衡;

当 $Q_a > K_a^{\ominus}$ 时,$\Delta_r G_m > 0$,反应逆向进行。

因此,比值 $Q_a/K_a^{\ominus}$ 的大小,表征了系统中所发生等温反应的不可逆程度 $Q_a/K_a^{\ominus}$ 值偏离 1 越远,该系统离开平衡越远,自发反应的不可逆程度越大。由于 Q_a 值可以通过调整反应系统中各组分的摩尔分数及总压进行控制,$K_a^{\ominus}$ 值则随温度而变化,因此可以通过选择反应条件(温度、组成、压力)来改变 Q_a 和 $K_a^{\ominus}$ 的相对大小,使火山灰反应朝着期望的方向进行。

为便于研究问题,就标准状态下的火山灰反应进行讨论。Gibbs

自由能变化则为

$$\Delta_r G_m^\ominus = -RT\ln K_a^\ominus$$

当 $\Delta_r G_m^\ominus < 0$ 时,生成物的自由能小于反应物的自由能,反应自发进行。$\Delta_r G_m^\ominus$ 负值越大,$K_a^\ominus$ 越大,反应进行的推动力越大,完成的限度越高。

CaO—SiO_2—H_2O 系统中,基本反应能够生成的各种水化硅酸钙及其生成反应自由能变化计算结果如表4-2(反应物 C/S = 1)所示。可以看出,以 C/S 为 5/6 的托勃莫来石族矿物的生成反应自由能变化最小,且占绝对优势。而 CSH(Ⅰ)和 CSH(Ⅱ)均与天然托勃莫来石族矿物结构相近,通常以"弱结晶托勃莫来石"或"托勃莫来石凝胶"来概括这两种生成物的状态。因此,不难理解稳定土中火山灰反应生成物——水化硅酸钙中除 C/S 范围不定的 C—S—H 凝胶外,主要是低结晶度托勃莫来石族矿物的 CSH(Ⅰ)和 CSH(Ⅱ)。

表4-2　水化硅酸钙及其生成反应自由能变化计算结果(25 ℃,100 kPa)

反应序号	反应生成物		$\Delta_r G_m^\ominus$(298 K)(kJ/mol)
	名称	化学计算式	
1	水硅钙石	$2CaO \cdot SiO_2 \cdot 1.17H_2O$	-68.4
2	硅酸钙石	$3CaO \cdot 3SiO_2 \cdot 3H_2O$	-3.2
3	斜方硅钙石	$4CaO \cdot 3SiO_2 \cdot 1.5H_2O$	-94.3
4	硬硅钙石	$6CaO \cdot 6SiO_2 \cdot H_2O$	-98.8
5	单硅钙石	$5CaO \cdot 6SiO_2 \cdot 3H_2O$	-118.2
6	托勃莫来石	$5CaO \cdot 6SiO_2 \cdot 5.5H_2O$	-138.0
7	单斜硅钙石	$5CaO \cdot 6SiO_2 \cdot 10.5H_2O$	-148.4
8	白钙沸石	$2CaO \cdot 3SiO_2 \cdot 2.5H_2O$	-120.7
9	纤维硅钙石	$CaO \cdot 2SiO_2 \cdot 2H_2O$	-74.1

水化硅酸钙的组成与介质 C/S 有关。石灰碱渣稳定土成型初期,溶液中及界面上钙离子浓度较高,而硅离子溶出量相对少,C/S 较高,

火山灰反应生成物倾向于生成纤维状的 CSH（Ⅰ）。随着龄期的增长，钙离子消耗，溶液中及界面上钙离子浓度降低，而硅离子溶出量并不一定减少，C/S 减少，火山灰反应生成物倾向于生成团块状的 CSH（Ⅱ）；已经有的纤维状 CSH（Ⅱ）也随介质中的钙离子浓度降低向 CSH（Ⅰ）退化。稳定土中除组成范围不定的 C—S—H 凝胶外，更多的被众多研究所确定的生成物也正是 CSH（Ⅰ）。

CaO—Al_2O_3—H_2O 系统中，基本反应能够生成的水化铝酸钙及其生成反应自由能变化计算结果如表 4-3 所示。从反应的内在"推动力"来讲，比较容易生成的水化铝酸钙有 C_4AH_{19} 和 C_4AH_{13}，其中 C_4AH_{19} 的反应生成自由能变化 $\Delta_r G_m^{\ominus}$ 略低于 C_4AH_{13}。两种水化铝酸钙视温度和湿度条件可以相互转化。在稳定土中，常温条件下，无论 CaO 和 Al_2O_3 的比例如何，生成的水化铝酸钙中以 C_4AH_{19} 为主，尤其在与液相直接触的条件下。但是一旦稍稍干燥，C_4AH_{19} 就可以转变成 C_4AH_{13}。因此，现有报道在稳定土中发现的水化铝酸钙均为 C_4AH_{13}。温度升高（大于 50 ℃），C_4AH_{13} 也可能直接生成，取代 C_4AH_{19} 在水化硅酸钙中的主要地位。

表 4-3　水化铝酸钙及其生成反应自由能变化计算结果（25 ℃，100 kPa）

水化铝酸钙化学计算式	$\Delta_r G_m^{\ominus}$ (kJ/mol)	
	C/A = 3 : 1	C/A = 1 : 1
$3CaO \cdot Al_2O_3 \cdot 6H_2O$	− 157.0	− 55.4
$4CaO \cdot Al_2O_3 \cdot 19H_2O$	− 191.1	− 66.6
$4CaO \cdot Al_2O_3 \cdot 13H_2O$	− 181.7	− 63.6
$2CaO \cdot Al_2O_3 \cdot 8H_2O$	− 151.4	− 50.2

四、浓度的影响

反应在一定温度下，平衡常数 $K_a^{\ominus}$ 值一定，当平衡时 $Q_a = K_a^{\ominus}$。若对火山灰反应平衡系统增加碱渣、石灰或黏土等反应物浓度（活度），则 Q_a 的分母增大，使 Q_a 变小，从而使 $K_a^{\ominus} > Q_a$，$\Delta_r G_m^{\ominus} < 0$，反应正向进

行,以反抗反应物浓度的增大使反应物浓度逐渐消耗,生成物浓度逐渐增加,直至 $Q_a = K_a^{\ominus}$,建立新的平衡。

石灰碱渣稳定土的强度取决于稳定土中胶结物的质和量,在胶结物质种类不变的条件下,则以量为决定因素。基于前面的分析,石灰碱渣稳定土强度主要来自 $CaO—SiO_2—H_2O$ 系统中反应生成的水化硅酸钙,且主要是托勃莫来石族矿物。

最佳剂量的确定:对 $CaO—SiO_2—H_2O$ 系统中不同 C/S 的反应物条件下水化硅酸钙生成反应的自由能变化 $\Delta_r G_m^{\ominus}$ 进行计算,得到 $\Delta_r G_m^{\ominus}$ 与 C/S 的关系如图 4-1 所示。随着 C/S 由小变大,以托勃莫来石族矿物为主导的生成反应变化到一最低值(图中 $-\Delta_r G_m^{\ominus}$ 为最大值),而后继续增加 C/S,$\Delta_r G_m^{\ominus}$ 增大(图 4-1 中 $-\Delta_r G_m^{\ominus}$ 减小)。

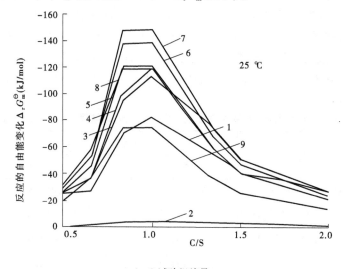

1~9 试验组编号

图 4-1 水化硅酸钙生成反应自由能变化与反应物 C/S 的关系

对应某一 C/S 时,$\Delta_r G_m^{\ominus}$ 最小,生成反应的推动力最大,生成物的量也最大,因而有一最佳的 C/S。这一最佳剂量范围是 0.83 ~ 1。若反应物的 SiO_2 增大,则达到最佳 C/S 所需的 CaO 也增大。以此为基础,不难对石灰碱渣稳定土的强度获得一最佳剂量,以及对这一最佳剂量随着龄期增长而增大的发展规律做出深入的解释。

五、温度的影响

标准平衡常数 $K^\ominus$ 只是温度的函数，根据 Gibbs – Helmholtz 方程式：

$$\left[\frac{\partial(\Delta_r G_m^\ominus/T)}{\partial T}\right]_p = -\frac{\Delta_r H_m^\ominus}{T^2} \tag{4-3}$$

对 $\Delta_r G_m^\ominus = -RT\ln K^\ominus$，在等压条件下对温度求导数：

$$\left[\frac{\partial(\Delta_r G_m^\ominus/T)}{\partial T}\right]_p = -R\frac{\mathrm{d}\ln K^\ominus}{\mathrm{d}T}$$

$$\frac{\mathrm{d}\ln K^\ominus}{\mathrm{d}T} = \frac{\Delta_r H_m^\ominus}{RT^2} \tag{4-4}$$

式(4-4)称为范特荷甫等压方程，它表明温度对平衡常数 $K^\ominus$ 的影响和标准摩尔反应焓变 $\Delta_r H_m^\ominus$ 有关。

(1)对吸热反应：$\Delta_r H_m^\ominus > 0$，$\mathrm{d}\ln K^\ominus/\mathrm{d}T > 0$，即温度升高，$K^\ominus$ 值增大；

(2)对放热反应：$\Delta_r H_m^\ominus < 0$，$\mathrm{d}\ln K^\ominus/\mathrm{d}T < 0$，即温度升高，$K^\ominus$ 值减小；

(3)不论是吸热反应还是放热反应，温度越高，$K^\ominus$ 随温度的变化越缓慢。$K^\ominus$ 随温度 T 的变化规律如图 4-2 所示。

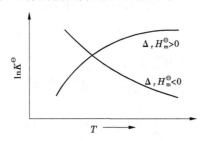

图 4-2　$K^\ominus$ 随温度 T 的变化规律

石灰碱渣稳定土火山灰反应为放热反应，$\Delta_r H_m^\ominus < 0$，故 $K^\ominus$ 值随温度升高而减小。

石灰碱渣稳定土火山灰反应在等温条件下系统摩尔反应 Gibbs 函数变为

$$\Delta_r G_m^\ominus(298\ \text{K}) = \Delta_r H_m^\ominus(298\ \text{K}) - T\Delta_r S_m^\ominus(298\ \text{K}) \qquad (4\text{-}5)$$

停温条件下 $\Delta_r H_m^\ominus(298\ \text{K})$ 为可逆热，$\Delta_r S_m^\ominus(298\ \text{K})$ 为系统的熵变化，对可逆的等温等压反应，$\Delta_r G_m^\ominus(298\ \text{K})$ 相当于可逆热，但化学反应为等温等压下不可逆过程，故 $\Delta_r G_m^\ominus(298\ \text{K})$ 相当于不可逆热。将等式两边同除以 $-T$，则有

$$-\Delta_r G_m^\ominus(298\ \text{K})/T = -\Delta_r H_m^\ominus(298\ \text{K})/T + \Delta_r S_m^\ominus(298\ \text{K}) \quad (4\text{-}6)$$

式(4-6)中右边第一项 $-\Delta_r H_m^\ominus/T = \Delta S_{su} > 0$，第二项 $\Delta_r S_{sy} > 0$，右边两项总和为 ΔS_{is}，所以 $-\Delta_r G_m^\ominus/T$ 相当于 ΔS_{is}，反应条件下，凡能使 ΔS_{is} 增大的因素，都是反应的推动力，反之为反应的阻力。石灰碱渣稳定土火山灰反应为放热反应，故 $\Delta_r H_m^\ominus < 0$，$-\Delta_r H_m/T = \Delta S_{su} > 0$；又因 $\Delta_r S_{sy} > 0$，所以 $-\Delta_r G_m/T = \Delta S_{is} > 0$，故提高温度能够促进火山灰反应向正方向进行。但由 $K^\ominus$ 与温度的关系可知，火山灰反应的 $K^\ominus$ 值随温度升高而减小，故通过提高温度来促进火山灰反应正向进行是有限度的。

常压下高温快速养护：为计算不同温度下化学反应的自由能变化，由 Gibbs – Helmholtz 方程式

$$\left[\frac{\partial(\Delta_r G_m^\ominus)}{\partial T}\right]_p = \frac{\Delta_r G_m^\ominus - \Delta_r H_m^\ominus}{T}$$

结合反应热函变化 $\Delta_r H_m^\ominus$ 和温度 T 的关系式：

$$\Delta_r H_m^\ominus = \Delta H_0 + \Delta a T + \frac{\Delta b}{2}T^2 - \Delta c T^{-1}$$

得出温度 T 下反应的自由能变化：

$$\Delta_r G_m^\ominus = \Delta H_0 + \Delta a T\ln T - \frac{\Delta b}{2}T^2 - \frac{\Delta c}{2}T^{-1} + yT \qquad (4\text{-}7)$$

式中：$\Delta a = \sum(a)_{生成物} - \sum(a)_{反应物}$；$\Delta b = \sum(b)_{生成物} - \sum(b)_{反应物}$；$\Delta c = \sum(c)_{生成物} - \sum(c)_{反应物}$；$\Delta H_0$ 为第一积分常数；y 为第二积分常数。

最佳 C/S 下，$GaO—SiO_2—H_2O$ 系统中水化硅酸钙生成反应的自

由能变化与温度关系的计算结果如图4-3所示。温度升高到60℃，占主导地位的生成物仍然是托勃莫来石族矿物。因此，从理论上可以这样说，在常压下，在一定温度范围内（按图4-3所示上限为60℃），提高养护温度进行快速养护只是影响稳定土中主要胶结物量的多少，而不会改变主要胶结物的类型。从另外一种意义上讲，常压下高温快速养护不会改变稳定土具有的与胶结物类型有关的工程性质。

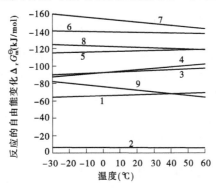

1～9 试验组编号

图4-3　水化硅酸钙生成反应自由能变化与温度的关系

低温养护的可行性：同样由图4-3可以得出，在负温范围内（按图4-3所示为 -30～0℃），各生成反应的自由能变化没有受到质的影响。相反，生成托勃莫来石族矿物的主要反应，其 $\Delta_r G_m^{\ominus}$ 反而随温度降低而有所减小，即反应推动力增大。因此，从理论上讲，在不低于 -30℃的低温养护条件下，稳定土中火山灰反应仍然可以进行，反应生成物的量并不明显减少。不考虑反应的速率，最终都可以获得不明显低于常温下养护的强度值，前提是要能保证稳定土中水处于液态。这样界面上或溶液中吸附性钙离子消耗后能通过液相不断地得以补充。公路施工中在稳定土中加入 $NaCl$、$CaCl_2$ 等氯盐时，由于降低了水的冰点，因而在低温下强度仍然能够发展。但由于低温影响了反应速率，使强度发展较慢，而低温并没有明显影响反应的推动力。使用的碱渣中含有一定的 $CaCl_2$、$NaCl$ 等氯盐，所以这些物质的存在对石灰碱渣稳定土的低温养护有利。

第三节　石灰－碱渣的水化对火山灰反应的影响

石灰－碱渣水化后的环境即液相 pH 值和石灰－碱渣水化产物必将影响火山灰反应的速率。

一、液相 pH 值对火山灰反应的影响

石灰碱渣稳定土发生反应时,首先黏土颗粒表面从 SiO_2 和 SiO_2—Al_2O_3 构成的网络结构遭受 OH^- 侵蚀。吸附在网络结构的阳离子上,使阳离子和网络结构中的氧离子分离造成网络结构的解体破坏,同时形成 C—S—H 水化产物,因此水化液相中的碱含量高低或 pH 值大小将决定黏土表面网络结构解体的速率。

二、火山灰反应生成物

稳定土中火山灰反应是土中活性硅、铝物质与石灰提供的游离钙之间的化学反应。土中活性硅、铝物质来自黏粒中相应的氧化物及其水化物和层状硅酸盐的溶解。溶解出的硅、铝物质在稳定土的碱性条件下能以多种单体或多聚体形态存在。火山灰反应生成物的多样性无不与此有关。

火山灰反应生成物是决定稳定土强度、水稳性、收缩性等一系列工程性质的根本组分。因此,各国学者通过多种途径试图找出稳定土中火山灰反应生成物的种类和生成规律。然而,由于土的组成的复杂性和常温水热反应条件所限,收效甚微。本书根据对石灰碱渣稳定土的研究得出下面几点看法:

(1)石灰碱渣稳定土在水热条件下,火山灰反应生成物早期大多呈凝胶状态,随着龄期的增长,生成物由低结晶度向高结晶度转化。

(2)已经查明并被众多研究所验证的火山灰反应生成物有 C—S—H 凝胶、CSH(Ⅰ)、CSH(Ⅱ)、C_4AH_{13} 等,其中以水化硅酸钙类生成物为主。

（3）黏粒矿物不同（如高岭石、蒙脱石等），与石灰反应的作用位置不同（如边面、基面等），反应速率不同，反应生成物也有差别。

在直接对稳定土火山灰反应生成物试验研究有困难的情况下，借助于相关理论科学的成果对稳定土中火山灰反应进行研究显得更加有意义。

三、石灰碱渣稳定土的水化产物对火山灰反应的影响

石灰碱渣稳定土水化的部分产物沉积和吸附在黏土颗粒表面，早期会妨碍黏土网络结构的解体，但后期却会加速黏土颗粒的溶蚀。

四、石灰碱渣稳定土强度形成的双电层机制

石灰、碱渣与水接触后，在石灰和碱渣颗粒表面便形成具有吸附层与扩散层的双电层（见图4-4）。初始阶段，石灰、碱渣颗粒表面吸附层中只有少量 Ca^{2+}（也有一定量的 H^+），在扩散层中主要有 Ca^{2+}、Mg^{2+}、Na^+ 等阳离子及 OH^-、Cl^- 等阴离子。随着石灰、碱渣的继续水化，吸附层中的 Ca^{2+} 达到饱和，扩散层中的阳离子浓度也不断增大，吸附层与扩散层之间的 ζ 电位降低，石灰、碱渣水化质点之间的凝聚力增加。当该 ζ 电位继续下降到一定值时，石灰、碱渣水化质点开始凝聚，最后达到终凝状态。这是"石灰－减渣－水"胶体体系的一般凝聚过程。

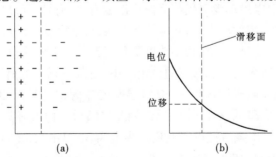

图4-4　石灰、碱渣水化的扩散双电层结构示意图

石灰碱渣稳定土路面基层的施工，一般是先在素土中加入一定量的石灰、碱渣后进行人工或机械拌和，并将石灰碱渣土闷料一段时间后

再铺路施工。从石灰与素土开始接触起,综合稳定土中的水分使石灰 – 碱渣电离为 Ca^{2+}(Mg^{2+})和 OH^-,这时带负电荷土颗粒与 Ca^{2+}(Mg^{2+})发生离子吸附和交换作用,其结果是在土颗粒表面形成双电层(见图4-4)。其内层即吸附层主要由被土颗粒中负离子所吸附的 Ca^{2+}(Mg^{2+})及由 Ca^{2+}(Mg^{2+})紧密连接着的一部分液体分子和吸附的反离子的一部分所组成;而外层由其余的反离子(OH^-)扩散分布在分散介质中所构成,也称为扩散层。在石灰碱渣稳定土中,与土产生离子交换吸附的只是一部分,其余的石灰碱渣在扩散层中电离形成饱和 $Ca(OH)_2$ 和 $Mg(OH)_2$ 溶液。

从稳定土土颗粒的离子交换吸附及双电层理论方面加以阐述综合稳定土强度形成的机制。

如前所述,土与石灰、碱渣接触后由于离子吸附交换的作用,在土颗粒周围便形成双电层,在其内层与外层之间存在着一个电势差,称为 ζ 电位。它随着双电层厚度的变化而变化,双电层厚度增加,ζ 电位也增大;反之则 ζ 电位降低。双电层厚度 d 符合下式:

$$d = 304 \times 10 \sqrt{\frac{1}{\sum C_i Z_i^2}} \tag{4-8}$$

式中:d 为双电层厚度;C_i 为反离子的浓度;Z_i 为反离子的价数。

可见,双电层厚度不仅与反离子浓度有关,而且与反离子的价数有关。当反离子浓度增大时,双电层的厚度就减薄,使内外层之间的电势差降低,而高价反离子在很小浓度下就能使其电势差成倍地下降。

在掺了较多石灰和碱渣的稳定土中,石灰——碱渣电离后的 OH^- 使扩散层中的反离子浓度增加,双电层厚度减薄,ζ 电位降低,土颗粒间的斥力也随之降低,从而使土颗粒相互聚结成团而具有强度。当掺入 $CaCl_2$ 后(实际由碱渣提供),它便发生电离,电离出大量的 Ca^{2+} 和 Cl^-,由于土颗粒已经吸附了较多的 Ca^{2+},有的已经饱和,吸附层中的正电荷增加不多甚至不会增加,而扩散层中的 Cl^-,尤其是碱渣中的少量石膏($CaSO_4 \cdot 2H_2O$)水化后所电离出的二价离子 SO_4^{2-} 却在不断增加,双电层厚度急剧减薄,使 ζ 电位再次大幅度下降,使土颗粒之间聚结成团的作用更加强烈。这是碱渣之所以能使稳定土强度进一步提高的主要原因之一,这种原因使石灰与碱渣之间产生强烈的协同效应,使石灰碱渣稳定土的强度显著提高。

第四节　石灰碱渣稳定土火山灰反应的动力学原理

石灰碱渣的水化产物之一$[Ca(OH)_2]$将与黏土中的活性氧化硅(SiO_2)和氧化铝(Al_2O_3)发生火山灰反应,这正是稳定土后期强度不断增大的主要原因。

由于稳定土的空隙存在液相介质,所以$Ca(OH)_2$和黏土的主要矿物将分别以一定的浓度溶解在水溶液中,液相介质中的水解铝离子及各种硅酸根离子均将与$Ca(OH)_2$发生火山灰反应:

$$xCa(OH)_2 + SiO_2 + nH_2O = xCaO \cdot SiO_2 \cdot (n+x)H_2O$$
$$yCa(OH)_2 + Al_2O_3 + nH_2O = yCaO \cdot Al_2O_3 \cdot (n+y)H_2O$$

由各反应物的溶解机制可以看出,常温下伴有$Ca(OH)_2$结晶的水溶液中,硅酸根离子形态呈现多样化,水解铝离子仅以$Al(OH)_4(H_2O)_2^-$为主,这势必造成火山灰反应产物中硅酸根类别多样化,铝酸盐却较单一。

一、石灰－碱渣－土间最优比例的动力学分析

化学反应的动力学研究不仅涉及反应机制问题,反应条件如温度、浓度等对反应速率的影响也是复杂的。本书试图通过各种因素对反应速率影响的研究,揭示客观规律,以便于有目的地调控反应条件,使化学反应朝着希望的方向、按设定的速率进行,迅速、充分地发挥它对强度指标的贡献。

(一)复合反应机制近似处理法

石灰碱渣稳定土火山灰反应物之一是石灰碱渣水化的部分产物,这两种反应的组合为连串反应。为方便分析,将石灰碱渣的矿物组成简记为 A,石灰碱渣水化产物 CH 简记为 B,火山灰生成物简记为 C,石

灰碱渣水化产物除 CH 外的部分简记为 D,黏土反应物简记为 E,某一瞬时 A、B、C、D、E 的浓度简记为 C_A、C_B、C_C、C_D、C_E,则

$$A \xrightarrow{k_1} B \xrightarrow{k_2} C$$

微分动力学方程为

$$\left.\begin{array}{r} -\dfrac{\mathrm{d}C_A}{\mathrm{d}t} = k_1 C_A \\[2mm] \dfrac{\mathrm{d}C_B}{\mathrm{d}t} = k_1 C_A - k_2 C_B \\[2mm] \dfrac{\mathrm{d}C_C}{\mathrm{d}t} = k_2 C_B C_E \\[2mm] \dfrac{\mathrm{d}C_D}{\mathrm{d}t} = k_1 C_A \end{array}\right\} \tag{4-9}$$

设反应开始时,A 的初始浓度为 $C_{A,0}$,积分式(4-9)得:

$$\left.\begin{array}{l} C_A = C_{A,0}\exp(-k_1 t) \\[1mm] C_B = \left[k_1 C_{A,0}/(k_2 - k_1)\right]\left[\exp(-k_1 t) - \exp(-k_2 t)\right] \\[1mm] C_C = C_{A,0}\left\{1 - \left[k_2 C_E\exp(-k_1 t) - k_2\exp(-k_2 t)\right]\right\}/(k_2 C_E - k_1) \\[1mm] C_D = C_{A,0}\left[1 - \exp(-k_1 t)\right] \end{array}\right\}$$

$$\tag{4-10}$$

显然,石灰碱渣水化的速率远远大于石灰碱渣稳定土火山灰反应速率,即 $k > k_2$,此时 C_A、C_B、C_C、C_D 对时间作图,如图 4-5 所示。

图 4-5 显示,在早期时间内,$Ca(OH)_2$ 的生成速率远大于其消耗速率,$Ca(OH)_2$ 可累积达到较高浓度。此时,溶液中及界面上钙离子浓度较高,而硅离子溶出量相对较少,故石灰碱渣稳定土火山灰反应生成物倾向于生成纤维状态的 CSH(Ⅱ)。随后由于 $Ca(OH)_2$ 浓度的逐渐降低,而硅离子溶出量变化不大,火山灰反应生成物倾向于生成团块状的 CSH(Ⅰ),且已有的纤维状 CSH(Ⅱ)也逐步向 CSH(Ⅰ)退化。另外,180 d 龄期时 C_C/C_D 的值反映了火山灰反应生成物与石灰—碱渣水化生成物量的相对大小。在总的石灰碱渣稳定土量一定的条件下,C_C/C_D 存在一最大值,此最大值对应的最大石灰—碱渣剂量及其相应

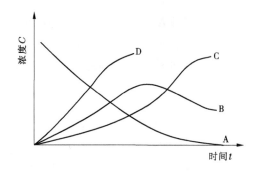

图 4-5 $A \xrightarrow{k_1} B \xrightarrow{k_2} C$ 的浓度—时间曲线

的黏土剂量的物理化学性能均得到了充分的发挥。

水泥的水化反应和 CH 与粉煤灰间的火山灰反应的速率均受到温度和浓度的影响。

（二）温度的影响

温度对反应速率的影响，主要是影响了反应速率系数 k。1889 年阿累尼乌斯根据试验提出了一个经验公式，表达了反应速率系数与温度之间的关系：

$$\frac{\mathrm{d}\ln k}{\mathrm{d}T} = \frac{E_a}{RT^2} \qquad (4\text{-}11)$$

其不定积分式为

$$k = A\exp(-E_a/RT)$$

式中：E_a 为活化能；A 是常量，为指（数）前因子或频率因子。

由阿累尼乌斯不定积分式可以看出，当 T 减小时，k 减小，因此当温度降低时，石灰碱渣的水化速率和 CH 与黏土的火山灰反应速率均受到抑制。由于火山灰反应是二级反应，所以温度的高低对石灰碱渣稳定土后期强度发展的影响远远大于石灰综合稳定土。

（三）浓度的影响

由前述公式可知，当石灰碱渣稳定土总剂量不变而增加碱渣的相对剂量时，石灰碱渣的水化产物生成量增加，而石灰碱渣稳定土火山灰反应产物生成量的增减很难判断，有可能增加，也有可能减少；当增加黏土的相对剂量时,石灰碱渣的水化产物生成量减少,而石灰碱渣稳定土火山灰反应产物生成量一定减少。因此,可以通过调整石灰－碱渣－土的相对比例,来控制石灰碱渣稳定土的早期强度大小和后期强度的增长幅度。

(四)湿度的影响

养护一定龄期的石灰碱渣稳定土中含有被各种形式的 CSH、钙矾石、C_4ASH_{12} 以及 $Ca(OH)_2$ 所结合的非蒸发水。因此,在适当的养护温度下,保持一定的湿度有利于石灰碱渣稳定土强度的形成与发展。

二、多相反应动力学处理法

石灰碱渣稳定土火山灰反应的具体步骤是:

(1)溶解在石灰碱渣稳定土液相中的 $Ca(OH)_2$ 和 $CaCl_2$ 等通过液相介质扩散到黏土颗粒与水溶液的界面上;

(2)反应物分子 $SiO_2 \cdot Al_2O_3$ 与 Ca^{2+} 在界面上发生反应生成水化硅酸钙、水化铝酸钙等产物;

(3)产物分子从界面解吸或形成新相;

(4)随着龄期的增长,产物在过饱和溶液状态下以微晶体形式析出。

由以上四步可以看出,石灰碱渣稳定土火山灰反应属于多相反应。石灰－碱渣－土之间的界面大小、结构及物理化学性能都会明显影响石灰碱渣稳定土的火山灰反应速率,有时会显著改变火山灰反应条件。

因为 $Ca(OH)_2$ 和 $CaCl_2$ 通过液相介质向黏土颗粒表面扩散的过程是非稳态的,在扩散方向各点的浓度梯度随时间而变化,这点可以从复合反应机制近似处理法看出,所以采用菲克扩散第二大定律表示此过程:

$$\frac{dC}{dt} = D\frac{d^2C}{dx^2} \tag{4-12}$$

式中:dC/dt 为浓度梯度;t 为时间;D 为扩散系数,量纲为[长度]^2[时间]$^{-1}$。

扩散物质 $Ca(OH)_2$ 的浓度是位置(离界面的距离 x)及时间(t)的

函数 $C = f(x,t)$。设扩散前原始浓度完全均匀,即 $t = 0$ 时, $f(x,0) = C_0$;在扩散过程中黏土颗粒固相界面上浓度始终为定值 C_s,而在 $Ca(OH)_2$ 晶体溶解界面上的浓度仍保持 C_0 不变,则边界条件为

$$f(0,t) = C_s (表面浓度)$$

$$f(\infty,t) = C_0 (起始浓度)$$

解得:

$$\frac{C - C_s}{C_0 - C_s} = \frac{2}{\sqrt{\pi}} \int_0^\lambda e^{-\lambda^2} d\lambda \tag{4-13}$$

其中

$$\lambda = \frac{x}{\sqrt{Dt}}$$

式(4-13)即为 $Ca(OH)_2$ 的扩散层厚度与时间及浓度的关系。随着龄期的增长,火山灰反应消耗了大量的钙离子, $Ca(OH)_2$ 晶体溶解界面上的浓度开始小于 C_0,此时式(4-13)关系已不再适用。

另外,由火山灰反应的具体方程可知, Ca^{2+} 的扩散是全部反应的速率控制步骤,因此火山灰反应也可以由边界层扩散速率方程表示:

$$\nu = DA(C_b - C_s)\delta \tag{4-14}$$

式中: ν 为扩散速率; D 为 Ca^{2+} 扩散系数; A 为黏土颗粒的表面积; δ 为有效边界层厚度; C_b 为 $Ca(OH)_2$ 晶体溶解界面上的浓度; C_s 为黏土颗粒表面的浓度。

由式(4-14)可以得出以下几点结论:

(1)提高温度可以增大 D 值,有利于 Ca^{2+} 的扩散,进而提高了石灰碱渣稳定土系统的火山灰反应速率。但是 $Ca(OH)_2$ 晶体的溶解度随温度的变化微小,仅靠升温提高速率并不十分有效。

(2)增加石灰—碱渣剂量,可以增大 $Ca(OH)_2$ 晶体溶解界面上的 Ca^{2+} 的浓度,有利于火山灰反应。使用外加剂后,增大了 $Ca(OH)_2$ 溶解出 Ca^{2+} 的浓度,加快火山灰反应,对石灰碱渣稳定土的强度有利。

(3)及时湿气养护,可以有效打通因新相的生成而被阻断的 Ca^{2+} 的扩散途径,也有利于火山灰反应。

(4)通过提高石灰 – 碱渣 – 土的颗粒细度,可以增加相界面的接

触面积 A,有利于火山灰反应,因此石灰－碱渣－土的颗粒粒径分布等物理特性,能够影响石灰碱渣稳定土系统发生火山灰反应的快慢。其实这一点已经被大量的研究所证明,石灰－碱渣－土颗粒参加反应的速率大小正比于其中粒径小于 10 μm 颗粒的数量。粒径小于 5 μm 的颗粒能够迅速发生反应,粒径小于 21 μm 的颗粒在 28 d 内可以完全水化。Jiang 等采用灰色系统原理研究了石灰－碱渣－土颗粒特性对石灰碱渣稳定土系统性能的影响,研究结果证明颗粒粒径在 10～20 μm 范围的颗粒显著影响石灰碱渣稳定土系统的强度。

第五节　石灰—碱渣对黏土界面结构和产物的影响

已有的研究显示,石灰稳定土界面区域的水化产物与石灰—碱渣的内部存在着很大的差异。前者的 $Ca(OH)_2$ 和钙矾石生成量远高于后者,而且富集于界面区域的 $Ca(OH)_2$ 存在一定取向,并非随机分布。当掺入一定比例的碱渣后,界面区域的 $Ca(OH)_2$ 和钙矾石生成量不仅显著减少,而且其中 $Ca(OH)_2$ 的取向程度也降低明显,实践证明这有利于提高混合料的抗开裂性能。

为研究碱渣的掺入对稳定土抗裂性能的影响,本书计算了石灰碱渣稳定土不同龄期的韧性指标,抗压强度与抗弯拉强度之比可表示材料的韧性,比值越小,韧性越高,石灰碱渣稳定土的抗裂性能越好。结果显示,石灰碱渣稳定土的韧性指标均随龄期的增长而逐渐减小,表明石灰碱渣稳定土的抗裂性能在逐渐增强。这是石灰－碱渣－土反应不断吸收对抗弯拉强度很不利的 $Ca(OH)_2$ 所致,因此说明掺入碱渣有利于提高石灰碱渣稳定土抗裂性能,尤其是使用了外加剂后,$Ca(OH)_2$ 的吸收速度也迅速增大,抗裂性能更加优良。

第五章 石灰碱渣稳定土在公路路面结构层上的试验研究

为了验证氨碱法制碱产生的碱性渣,可以在公路建设施工中配制路基换填土、改良土、路面结构层、基层、底基层进行利用,在焦作市某公路建设项目中选取了部分路段进行试验。该试验路段全长 500 m,路面设计宽度为 17 m。路面面层设计为粗粒式沥青混凝土 4 cm,细粒式沥青混凝土 3 cm;路面基层为石灰土稳定碎石 18 cm;底基层为石灰稳定土 15 cm,将石灰稳定土改为石灰碱渣稳定土进行试验段施工。

第一节 研究内容及试验段机械设备配置

一、研究内容

(1)检验碱性废渣在公路工程路基、路面基层、底基层的可使用性。

(2)提出用于大面积施工的材料配合比及松铺系数;确定每一作业段的合适长度和依次铺筑的合理厚度;选择最优的人机组合;提出正确的集料和结合料数量的控制方法;合适的拌和方法与拌和遍数;最佳含水量的控制办法,整平和整形的合适机具与方法;压实机械的组合;压实的顺序、速度和遍数;检验石灰碱渣稳定土的压实度、强度等各种力学性能是否满足公路工程质量检验评定标准的要求。

(3)检验石灰碱渣稳定土经掺入外加剂后氯离子的固定转化情况。

(4)通过现场取芯对已成型的石灰碱渣稳定土的各种性能指标进行检验分析。

二、试验段机械设备配置

试验段机械设备配置:平地机 1 台、18 t 振动压路机 1 台、推土机 2

台、装载机 1 台、洒水车 1 辆、旋耕机 1 台。

第二节 施工工艺

路段试验施工工艺如图 5-1 所示。

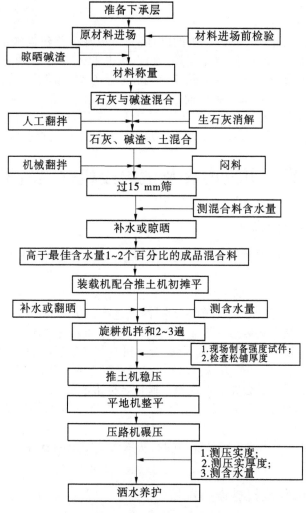

图 5-1 路段试验施工工艺

第三节　施工工序

一、下承层准备与施工测量

施工前对下承层（底基层或土基）按质量验收标准进行验收，之后恢复中线，直线段每 20~25 m 设一桩，平曲线段每 10~15 m 设一桩，并在两侧路面外 0.3~0.5 m 处设指示桩，在指示桩上用红漆标出基层（或底基层）边缘设计标高及松铺的厚度位置。

二、原材料检验

土样颗粒分析、液限和塑性指数、击实试验；石灰钙、镁含量测验；碱渣中的氯离子试验。试验结果如表 5-1~表 5-3 所示。

三、施工配合比的确定

根据实验室推荐配合比石灰:碱渣:土 = 2:14:84（外加剂用量为石灰剂量的 20%）；考虑到施工采用人工路拌法不易拌和的问题，故将石灰剂量增加 1% 作为充裕系数，以避免人工路拌法施工拌和不均匀而影响其强度，所以施工配合比确定为石灰:碱渣:土 = 3:14:83。

四、备料

所用材料经检验符合质量要求。根据路段基层（底基层）的宽度、厚度及预定的干密度，计算路段需要的干燥集料数量。根据混合料的配合比、材料的含水量以及所用车辆的吨位，计算各种材料每车料的堆放距离。具体计算结果如下（500 m）：

配合比:石灰:废渣:土 = 3:14:83；

最大干密度:1.72 t/m³；

最佳含水量:15%；

工程量:17 m × 0.15 m × 500 m = 1 275 m³；

混合料质量:1 275 m³ × 1.72 t/m³ = 2 193 t；

表 5-1 液塑限联合测定试验记录

（编号： ）

建设项目： 科研
施工单位：＿＿＿＿＿＿　试样编号：＿＿＿＿＿＿　取样深度：＿＿＿＿＿＿
试样制备：＿＿＿＿＿＿　取样地点：＿＿＿＿＿＿　施工路段：＿＿＿＿＿＿
合同号：＿＿＿＿＿＿

项目		试验次数 1		2		3	
入土深度 (mm)	h_1	5.00		10.00		20.00	
	h_2	5.00		10.00		20.00	
	$(h_1+h_2)/2$	5.00		10.00		20.00	
项目	盒号	15	28	47	32	8	21
	盒重 (g)	1.00	1.00	1.00	1.00	1.00	1.00
	盒+湿土重 (g)	110.00	110.00	118.00	118.00	130.00	130.00
	盒+干土重 (g)	100.00	100.00	100.00	100.00	100.00	100.00
	水分重 (g)	10.00	10.00	18.00	18.00	30.00	30.00
	干土重 (g)	99.00	99.00	99.00	99.00	99.00	99.00
	含水量 (%)	10.1	10.1	18.2	18.2	30.3	30.3
	平均含水量 (%)	10.1		18.2		30.3	

液限 $\omega_L = 30.3\%$
塑限 $\omega_P = 9.2\%$
塑性指数 $I_P = \omega_L - \omega_P = 21.1$
土工程分类：低液限黏土

表 5-2 击实试验记录

工程名称				科研					
取样地点					方法		重型击实法		
预定含水量(%)	8		10		12		14		16
筒与试样质量(g)	4 044		4 123		4 167		4 136		4 063
筒容积(cm³)	997		997		997		997		997
筒质量(g)	1 959		1 959		1 959		1 959		1 959
湿试样质量(g)	2 085		2 164		2 208		2 177		2 104
湿密度(g/cm³)	2.09		2.17		2.21		2.18		2.11
干密度(g/cm³)	1.94		1.98		1.98		1.92		1.82
盒号	53	80	402	401	76	309	74	307	303	59
盒 + 湿试样质量(g)	116.98	114.92	78.94	73.97	84.98	88.66	86.89	76.11	82.42	88.00
盒 + 干试样质量(g)	110.20	108.26	74.08	69.57	78.49	81.83	79.33	69.83	74.53	79.51
盒质量(g)	25.10	24.78	25.10	24.95	24.55	24.93	24.83	24.39	24.55	25.66
水质量(g)	6.78	6.66	4.86	4.40	6.49	6.83	7.56	6.28	7.89	8.49
干试样质量(g)	85.10	83.48	48.98	44.62	53.94	56.90	54.50	45.44	49.98	53.85
含水量(%)	8.0	8.0	9.9	9.9	12.0	12.0	13.9	13.8	15.8	15.8
平均值(%)	8.0		9.9		12.0		13.8		15.8	

备注:

试样名称:素土

最大粒径:5 mm

超尺寸颗粒含量:

配合比:

最大干密度:1.98 g/cm³

最佳含水量:11.00%

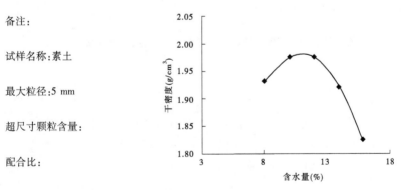

含水量与干密度关系

表 5-3 石灰 CaO + MgO 含量测定记录

工程名称	科研		施工单位	
石灰产地	马村		石灰种类	钙质消石灰
样品编号	1	2		
盐酸浓度(以 N 计,mg/L)	0.874	0.874		
盛样皿质量(g)	59.518 7	69.695 6		
盛样皿与试样质量(g)	60.443 3	70.605 2		
试样质量(g)	0.924 6	0.909 6		
盐酸初读数(mL)	1.1	0.1		
盐酸终读数(mL)	27.3	25.8		
消耗盐酸体积(mL)	26.2	25.7		
活性 CaO + MgO 含量(%)	69.3	69.1		
平均值(%)	69.2			

备注:

依据 JTJ G51—2009,所检指标符合技术要求,属于 I 级灰。

考虑压实度后质量：2 193 t×93% =2 039.5 t。

材料用量计算：

碱渣用量：2 039.5 t×14% =285.5 t（干）；

石灰用量：2 039.5 t×3% =61.2 t（干）；

土用量：2 039.5 t×83% =1 692.8 t（干）；

天然含水量碱渣用量：285.5 t×（1 +50%）=428.3 t；

天然含水量土用量：1 692.8 t×（1 +13.2%）=1 916.2 t；

石灰：61.2 t(不考虑消解系数)；

外加剂：61.2 t×20% =12.24 t。

五、物料拌和

物料拌和按下列步骤进行：

（1）将渣场的材料运至已准备好的下承层上，沿一侧用推土机(1/5 路宽)码放。

（2）按上述计算的生石灰均匀地排铺在碱渣上。

（3）用装载机掺拌 3 遍后进行 4 ~5 h 闷料，对石灰进行初溶解，吸收碱渣水分。

（4）用装载机二次掺拌 2 遍后过 5 cm 筛，剩余的生石灰再次充分消解后与碱渣均匀拌和。

（5）将拌和均匀的石灰碱渣混合料与已备制好的素土进行掺拌 2 遍后测定其含水量为 17.2% 。

六、摊铺混合料

将混合料均匀地摊铺在预定宽度上，拣除超尺寸颗粒及其他杂物，用推土机粗整平并稳压，整平后的松铺系数为 1.2。

根据现场实测含水量用旋耕耙翻 2 遍后测其含水量为 17% ，然后在已摊铺好的混合料上随机取样，制成 6 组无侧限抗压强度试件。

七、成型碾压

将拌和好的混合料用推土机初次整平并稳压 1 遍，根据已测得的断面高程用平地机进行精平刮出路拱,然后用 18 t 压路机在路基全宽内静碾稳压一遍。直线段由两侧路肩向路中心碾压;平曲线段由内侧路肩向外侧路肩进行碾压。碾压时,后轮应重叠 1/2 的轮宽,并必须超过两段的接缝处。压路机的碾压速度控制在 1.5 km/h。碾压终了测其压实度为 89%。第二遍碾压开启压路机的振动系统并控制压路机的工作速度 1.7 km/h,进行第二遍碾压后,测其压实度为 91.3%。重复上述作业并将碾压速度控制在 2 km/h 进行第三遍、第四遍碾压,分别测其压实度为 92.6%、93.8%。第五遍首先在上述作业面上进行表面补水,待水分蒸发后(以不黏压路机轮为宜)关闭压路机振动系统,进行静碾一遍测其压实度为 93.8%。

八、养护

将已碾压成型的第一层路面洒水后用三彩布进行覆盖并封闭全线交通,养护时间为 7 d。

九、现场压实度和强度试验

根据《公路路面基层施工技术细则》(JTG/T F20—2015)和《公路工程质量检验评定标准》(JTG F80/1—2017)进行随机取样,并进行压实度和强度试验。碾压不同遍数的压实度和强度试验结果如表5-4 ~ 表5-7 所示。

表5-4　现场压实度检验汇总

序号	层次	碾压遍数	桩号	检验报告编号	压实度(%)	含水量(%)	说明
1	底基层	第一、二遍	K6＋850 左	科 Y－001	89.3	17.4	
2	底基层	第一、二遍	K6＋875 中	科 Y－001	89.4	17.2	
3	底基层	第一、二遍	K6＋900 右	科 Y－001	91.4	17.6	
4	底基层	第一、二遍	K6＋930 左	科 Y－001	90.6	16.5	
5	底基层	第一、二遍	K6＋950 中	科 Y－001	90.6	17.3	
6	底基层	第一、二遍	K6＋970 右	科 Y－001	91.6	16.4	
7	底基层	第一、二遍	K7＋000 左	科 Y－002	90.6	15.3	

序号	层次	碾压遍数	桩号	检验报告编号	压实度（%）	含水量（%）	说明
8	底基层	第一、二遍	K7+030 中	科 Y-002	87.6	16.5	
9	底基层	第一、二遍	K7+050 右	科 Y-002	89.6	15.5	
10	底基层	第一、二遍	K7+065 左	科 Y-007	88.2	17.2	
11	底基层	第一、二遍	K7+100 中	科 Y-007	87.9	16.4	
12	底基层	第一、二遍	K7+125 右	科 Y-007	89.9	15.7	
13	底基层	第一、二遍	K7+150 中	科 Y-007	87.2	19.0	
14	底基层	第一、二遍	K7+180 左	科 Y-007	90.2	15.3	
15	底基层	第一、二遍	K7+200 右	科 Y-007	87.5	17.5	
16	底基层	第一、二遍	K7+220 左	科 Y-008	88.7	15.7	
17	底基层	第一、二遍	K7+250 中	科 Y-008	90.5	16.5	
18	底基层	第一、二遍	K7+280 右	科 Y-008	86.8	16.6	
19	底基层	第一、二遍	K7+300 左	科 Y-008	88.3	17.2	
20	底基层	第一、二遍	K7+320 中	科 Y-008	88.3	17.6	
21	底基层	第一、二遍	K7+350 右	科 Y-008	90.1	15.6	
22	基层	第一、二遍	K6+860 中	科 Y-013	92.2	18.2	
23	基层	第一、二遍	K6+880 左	科 Y-013	91.7	16.5	
24	基层	第一、二遍	K6+900 右	科 Y-013	90.7	17.6	
25	基层	第一、二遍	K6+925 中	科 Y-013	91.7	17.5	
26	基层	第一、二遍	K6+950 左	科 Y-013	92.4	17.3	
27	基层	第一、二遍	K6+970 右	科 Y-013	90.6	18.0	
28	基层	第一、二遍	K7+000 右	科 Y-014	92.9	17.2	
29	基层	第一、二遍	K7+020 左	科 Y-014	92.1	16.4	
30	基层	第一、二遍	K7+050 右	科 Y-014	91.5	17.4	
31	基层	第一、二遍	K7+070 左	科 Y-019	92.3	17.6	

序号	层次	碾压遍数	桩号	检验报告编号	压实度（%）	含水量（%）	说明
32	基层	第一、二遍	K7+100 中	科 Y-019	92.2	17.2	
33	基层	第一、二遍	K7+140 右	科 Y-019	93.2	16.4	
34	基层	第一、二遍	K7+160 中	科 Y-019	92.3	16.5	
35	基层	第一、二遍	K7+180 左	科 Y-019	93.2	16.8	
36	基层	第一、二遍	K7+200 右	科 Y-019	92.6	16.0	
37	基层	第一、二遍	K7+225 左	科 Y-020	91.7	17.7	
38	基层	第一、二遍	K7+250 中	科 Y-020	93.0	16.2	
39	基层	第一、二遍	K7+280 右	科 Y-020	92.0	17.3	
40	基层	第一、二遍	K7+300 中	科 Y-020	92.1	16.4	
41	基层	第一、二遍	K7+330 左	科 Y-020	96.1	17.4	
42	基层	第一、二遍	K7+350 右	科 Y-020	92.6	15.8	
43	底基层	第三遍	K6+850 右	科 Y-003	90.3	16.5	
44	底基层	第三遍	K6+875 中	科 Y-003	93.1	15.9	
45	底基层	第三遍	K6+900 左	科 Y-003	91.2	15.9	
46	底基层	第三遍	K6+930 右	科 Y-003	91.6	15.9	
47	底基层	第三遍	K6+950 中	科 Y-003	92.6	16.3	
48	底基层	第三遍	K6+970 左	科 Y-003	92.7	16.4	
49	底基层	第三遍	K7+000 左	科 Y-004	91.3	16.5	
50	底基层	第三遍	K7+030 中	科 Y-004	92.3	16.7	
51	底基层	第三遍	K7+050 右	科 Y-004	91.1	15.2	
52	底基层	第三遍	K7+075 右	科 Y-009	92.1	16.5	
53	底基层	第三遍	K7+100 中	科 Y-009	91.2	16.6	
54	底基层	第三遍	K7+125 左	科 Y-009	90.1	14.8	
55	底基层	第三遍	K7+150 右	科 Y-009	92.3	16.3	

序号	层次	碾压遍数	桩号	检验报告编号	压实度（%）	含水量（%）	说明
56	底基层	第三遍	K7＋170 中	科 Y－009	92.0	17.1	
57	底基层	第三遍	K7＋200 左	科 Y－009	94.0	15.8	
58	底基层	第三遍	K7＋225 右	科 Y－010	91.7	15.7	
59	底基层	第三遍	K7＋250 中	科 Y－010	92.7	16.7	
60	底基层	第三遍	K7＋270 左	科 Y－010	90.2	18.8	
61	底基层	第三遍	K7＋300 右	科 Y－010	92.0	17.4	
62	底基层	第三遍	K7＋320 中	科 Y－010	92.8	15.6	
63	底基层	第三遍	K7＋350 左	科 Y－010	90.9	16.8	
64	基层	第三遍	K6＋850 中	科 Y－015	93.8	16.8	
65	基层	第三遍	K6＋880 左	科 Y－015	96.2	17.2	
66	基层	第三遍	K6＋900 右	科 Y－015	94.1	15.7	
67	基层	第三遍	K6＋920 中	科 Y－015	94.4	16.0	
68	基层	第三遍	K6＋950 左	科 Y－015	93.5	16.8	
69	基层	第三遍	K6＋975 中	科 Y－015	94.1	15.6	
70	基层	第三遍	K7＋000 右	科 Y－016	94.3	16.2	
71	基层	第三遍	K7＋030 左	科 Y－016	94.1	16.8	
72	基层	第三遍	K7＋050 右	科 Y－016	93.7	15.2	
73	基层	第三遍	K7＋080 左	科 Y－021	92.7	16.6	
74	基层	第三遍	K7＋100 中	科 Y－021	94.4	16.3	
75	基层	第三遍	K7＋120 右	科 Y－021	93.9	17.3	
76	基层	第三遍	K7＋150 中	科 Y－021	93.3	16.6	
77	基层	第三遍	K7＋170 左	科 Y－021	93.9	17.0	
78	基层	第三遍	K7＋200 右	科 Y－021	94.1	15.9	
79	基层	第三遍	K7＋230 左	科 Y－022	94.4	17.0	

序号	层次	碾压遍数	桩号	检验报告编号	压实度（%）	含水量（%）	说明
80	基层	第三遍	K7+250 中	科 Y-022	94.3	17.1	
81	基层	第三遍	K7+280 右	科 Y-022	93.6	16.7	
82	基层	第三遍	K7+300 中	科 Y-022	94.8	16.5	
83	基层	第三遍	K7+320 左	科 Y-022	93.9	17.2	
84	基层	第三遍	K7+350 右	科 Y-022	94.2	17.3	
85	底基层	第四遍	K6+850 左	科 Y-005	95.5	15.3	
86	底基层	第四遍	K6+875 中	科 Y-005	93.7	15.3	
87	底基层	第四遍	K6+900 右	科 Y-005	95.1	16.1	
88	底基层	第四遍	K6+920 左	科 Y-005	94.0	15.6	
89	底基层	第四遍	K6+950 中	科 Y-005	93.2	15.2	
90	底基层	第四遍	K6+970 右	科 Y-005	93.9	14.6	
91	底基层	第四遍	K7+000 左	科 Y-006	93.5	14.9	
92	底基层	第四遍	K7+020 中	科 Y-006	94.1	14.6	
93	底基层	第四遍	K7+050 右	科 Y-006	94.1	15.8	
94	底基层	第四遍	K7+080 左	科 Y-011	93.7	15.6	
95	底基层	第四遍	K7+100 中	科 Y-011	93.4	16.8	
96	底基层	第四遍	K7+130 右	科 Y-011	93.7	15.4	
97	底基层	第四遍	K7+155 左	科 Y-011	94.6	15.3	
98	底基层	第四遍	K7+180 中	科 Y-011	94.2	15.4	
99	底基层	第四遍	K7+200 右	科 Y-011	93.8	15.6	
100	底基层	第四遍	K7+230 左	科 Y-012	95.4	15.8	
101	底基层	第四遍	K7+250 右	科 Y-012	94.2	16.1	
102	底基层	第四遍	K7+270 中	科 Y-012	94.8	16.4	
103	底基层	第四遍	K7+300 左	科 Y-012	93.6	16.7	

序号	层次	碾压遍数	桩号	检验报告编号	压实度（%）	含水量（%）	说明
104	底基层	第四遍	K7＋320 中	科 Y－012	95.9	16.1	
105	底基层	第四遍	K7＋350 右	科 Y－012	94.9	16.9	
106	基层	第四遍	K6＋850 左	科 Y－017	95.5	15.9	
107	基层	第四遍	K6＋880 中	科 Y－017	97.6	16.3	
108	基层	第四遍	K6＋900 右	科 Y－017	98.8	15.0	
109	基层	第四遍	K6＋925 左	科 Y－017	96.1	16.6	
110	基层	第四遍	K6＋950 中	科 Y－017	96.3	16.2	
111	基层	第四遍	K6＋980 右	科 Y－017	96.0	15.9	
112	基层	第四遍	K7＋000 左	科 Y－018	97.8	16.3	
113	基层	第四遍	K7＋025 中	科 Y－018	97.2	15.3	
114	基层	第四遍	K7＋050 右	科 Y－018	97.1	15.5	
115	基层	第四遍	K7＋060 左	科 Y－023	94.9	15.8	
116	基层	第四遍	K7＋100 中	科 Y－023	96.0	15.4	
117	基层	第四遍	K7＋130 右	科 Y－023	96.5	14.8	
118	基层	第四遍	K7＋150 左	科 Y－023	95.6	16.6	
119	基层	第四遍	K7＋180 中	科 Y－023	96.0	15.4	
120	基层	第四遍	K7＋200 右	科 Y－023	96.8	15.0	
121	基层	第四遍	K7＋220 左	科 Y－024	96.4	16.2	
122	基层	第四遍	K7＋250 中	科 Y－024	95.7	16.0	
123	基层	第四遍	K7＋270 右	科 Y－024	96.5	15.5	
124	基层	第四遍	K7＋300 中	科 Y－024	95.3	14.4	
125	基层	第四遍	K7＋325 左	科 Y－024	96.6	15.8	
126	基层	第四遍	K7＋350 右	科 Y－024	96.0	15.4	

表 5-5 现场采集混合料强度汇总(底基层)(一)

序号	强度(MPa)		平均值(MPa)		含水量 (%)	检验报告 编号	说明
	7 d	28 d	7 d	28 d			
1	1.17	1.75					
2	1.03	1.79					
3	0.97	1.79	1.09	1.79	17.0	科 H - 039 科 H - 046	灰渣土
4	0.20	1.85					
5	1.11	1.86					
6	1.05	1.72					
7	0.86	1.38					
8	0.93	1.24					
9	0.91	1.29	0.90	1.28	14.1	科 H - 038 科 H - 045	灰渣土
10	0.90	1.29					
11	0.98	1.23					
12	0.83	1.32					
13	0.95						
14	0.88						
15	0.86		0.93		18.0	科 H - 059	灰渣土
16	0.93						
17	0.96						
18	0.97						
19	0.65						
20	0.75						
21	0.66		0.71		17.8	科 H - 060	灰渣土
22	0.74						
23	0.72						
24	0.75						

序号	强度（MPa）		平均值（MPa）		含水量（%）	检验报告编号	说明
	7 d	28 d	7 d	28 d			
25	0.90						
26	0.96						
27	0.84		0.90		17.8	科 H－057	灰渣土
28	0.85						
29	0.93						
30	0.90						
31	0.71						
32	0.64						
33	0.68		0.69		18.0	科 H－058	灰渣土
34	0.67						
35	0.74						
36	0.72						
37	0.45						
38	0.40						
39	0.44		0.42		14.8	科 H－061	灰渣土
40	0.41						
41	0.40						
42	0.42						
43	0.40						
44	0.46						
45	0.46		0.45		16.3	科 H－047	灰渣土
46	0.49						
47	0.40						
48	0.46						

序号	强度(MPa)		平均值(MPa)		含水量	检验报告	说明
	7 d	28 d	7 d	28 d	(%)	编号	
49	0.56						
50	0.49						
51	0.58		0.55		16.8	科 H－048	灰渣土
52	0.58						
53	0.50						
54	0.56						
55	0.72						
56	0.70						
57	0.79		0.79		16.5	科 H－049	灰渣土
58	0.85						
59	0.85						
60	0.84						
61	0.85						
62	0.78						
63	0.73		0.79		16.6	科 H－050	灰渣土
64	0.88						
65	0.76						
66	0.76						
67	1.15						
68	1.03						
69	1.04		1.06		16.7	科 H－053	灰渣土
70	0.94						
71	1.11						
72	1.08						

序号	强度(MPa)		平均值(MPa)		含水量	检验报告	说明
	7 d	28 d	7 d	28 d	(%)	编号	
73	0.97						
74	0.88						
75	0.89		0.96		17.0	科 H－054	灰渣土
76	0.97						
77	0.96						
78	1.08						
79	0.90						
80	0.98						
81	0.87		0.88		18.0	科 H－055	灰渣土
82	0.83						
83	0.81						
84	0.86						
85	1.12						
86	1.08						
87	0.92		1.02		17.0	科 H－056	灰渣土
88	0.94						
89	1.09						
90	0.95						
91	0.93						
92	1.10						
93	0.97		1.02		17.3	科 H－051	灰渣土
94	1.06						
95	0.92						
96	1.12						

序号	强度(MPa)		平均值(MPa)		含水量	检验报告	说明
	7 d	28 d	7 d	28 d	(%)	编号	
97	1.06						
98	1.07						
99	0.92		0.99		18.7	科 H－052	灰渣土
100	1.05						
101	0.88						
102	0.94						
103	1.04						
104	1.00						
105	0.89		1.02		14.2	科 H－027	灰土
106	1.01						
107	1.05						
108	1.13						
109	1.05						
110	1.09						
111	1.01		1.07		14.8	科 H－028	灰土
112	1.12						
113	1.06						
114	1.07						
115	1.13						
116	1.11						
117	1.15		1.12		15.3	科 H－029	灰土
118	1.03						
119	1.30						
120	1.02						

序号	强度(MPa)		平均值(MPa)		含水量（％）	检验报告编号	说明
	7 d	28 d	7 d	28 d			
121	1.09						
122	1.16						
123	1.19		1.16		15.0	科 H－031	灰渣土
124	1.16						
125	1.23						
126	1.11						
127	1.16						
128	0.98						
129	1.14		1.11		15.0	科 H－030	灰渣土
130	1.16						
131	1.07						
132	1.17						
133	1.03						
134	1.13						
135	1.24		1.10		15.4	科 H－032	灰渣土
136	1.11						
137	0.96						
138	1.14						
139	1.14	1.66					
140	1.09	1.67					
141	0.98	1.87	1.07	1.76	15.0	科 H－033 科 H－044	灰渣土
142	0.95	1.82					
143	1.08	1.83					
144	1.16	1.68					

序号	强度（MPa）		平均值（MPa）		含水量	检验报告	说明
	7 d	28 d	7 d	28 d	（%）	编号	
145	1.14	1.91					
146	1.30	1.76					
147	1.23	1.97	1.19	1.93	15.7	科 H－034	灰渣土
148	1.05	1.93				科 H－040	
149	1.22	1.98					
150	1.20	2.03					
151	1.16	2.28					
152	1.07	2.10					
153	1.11	1.97	1.13	2.07	16.0	科 H－035	灰渣土
154	1.09	2.00				科 H－042	
155	1.13	1.94					
156	1.19	2.12					
157	1.23	2.15					
158	1.25	2.09					
159	1.29	2.17	1.24	2.09	15.6	科 H－036	灰渣土
160	1.13	2.02				科 H－043	
161	1.28	2.03					
162	1.24	2.06					
163	1.14	2.03					
164	1.30	2.04					
165	1.23	2.12	1.20	2.16	16.2	科 H－037	灰渣土
166	1.12	2.28				科 H－041	
167	1.22	2.19					
168	1.20	2.28					

序号	强度（MPa）		平均值（MPa）		含水量	检验报告	说明
	7 d	28 d	7 d	28 d	（%）	编号	
169	0.57						
170	0.57						
171	0.61		0.58		17.3	科 H－021	灰渣土
172	0.60						
173	0.63						
174	0.52						
175	0.63						
176	0.66						
177	0.66		0.63		17.0	科 H－019	灰渣土
178	0.67						
179	0.59						
180	0.59						
181	0.63						
182	0.64						
183	0.64		0.63		16.7	科 H－020	灰渣土
184	0.60						
185	0.64						
186	0.62						
187	0.76						
188	0.77						
189	0.79		0.77		18.0	科 H－022	灰渣土
190	0.79						
191	0.76						
192	0.73						

序号	强度(MPa)		平均值(MPa)		含水量（%）	检验报告编号	说明
	7 d	28 d	7 d	28 d			
193	0.74						
194	0.73						
195	0.75		0.75		17.8	科 H－023	灰渣土
196	0.76						
197	0.72						
198	0.79						
199	0.92						
200	0.79						
201	0.95		0.90		18.0	科 H－025	灰渣土
202	0.94						
203	0.83						
204	0.96						
205	0.96						
206	0.97						
207	0.94		0.96		17.5	科 H－024	灰渣土
208	0.96						
209	0.93						
210	0.99						
211	0.80						
212	0.79						
213	0.76		0.76		17.3	科 H－011	灰渣土
214	0.72						
215	0.73						
216	0.76						

序号	强度(MPa)		平均值(MPa)		含水量	检验报告	说明
	7 d	28 d	7 d	28 d	(%)	编号	
217	1.07						
218	1.07						
219	1.11		1.05		17.2	科 H－012	灰渣土
220	1.00						
221	0.98						
222	1.05						
223	0.64						
224	0.62						
225	0.60		0.61		16.8	科 H－026	灰渣土
226	0.58						
227	0.59						
228	0.60						
229	0.93						
230	0.96						
231	1.13		1.02		18.5	科 H－006	灰渣土
232	0.97						
233	0.97						
234	1.14						
235	1.09						
236	1.13						
237	1.05		1.08		19.0	科 H－007	灰渣土
238	0.94						
239	1.07						
240	1.19						

序号	强度（MPa）		平均值（MPa）		含水量（%）	检验报告编号	说明
	7 d	28 d	7 d	28 d			
241	1.01						
242	0.91						
243	0.93		0.95		18.3	科 H－003	灰渣土
244	1.03						
245	0.89						
246	0.95						
247	1.03						
249	0.96						
249	1.02		1.01		16.8	科 H－004	灰渣土
250	0.93						
251	1.01						
252	1.08						
253	1.03						
254	1.03						
255	0.90		0.99		16.5	科 H－002	灰渣土
256	0.89						
257	1.01						
258	1.09						
259	1.14						
260	0.94						
261	0.95		1.03		16.4	科 H－001	灰渣土
262	1.04						
263	1.04						
264	1.08						

序号	强度(MPa)		平均值(MPa)		含水量	检验报告	说明
	7 d	28 d	7 d	28 d	（%）	编号	
265	1.04						
266	1.12						
267	1.05		1.08		20.5	科 H-005	灰渣土
268	1.08						
269	0.98						
270	1.18						
271	1.15						
272	1.20						
273	1.17		1.15		20.7	科 H-008	灰渣土
274	1.15						
275	1.07						
276	1.17						
277	0.84						
278	0.85						
279	0.90		0.86		18.0	科 H-013	灰渣土
280	0.83						
281	0.86						
282	0.90						
283	0.89						
284	0.84						
285	0.79		0.86		18.3	科 H-014	灰渣土
286	0.85						
287	0.84						
288	0.97						

序号	强度（MPa）		平均值（MPa）		含水量（％）	检验报告编号	说明
	7 d	28 d	7 d	28 d			
289	0.77						
290	0.72						
291	0.79		0.80		17.8	科 H－009	灰渣土
292	0.83						
293	0.75						
294	0.75						
295	0.81						
296	0.87						
297	0.97		0.78		18.0	科 H－010	灰渣土
298	0.78						
299	0.99						
300	0.83						
301	0.88						
302	0.97						
303	0.78		0.89		19.7	科 H－015	灰渣土
304	0.99						
305	0.83						
306	0.88						
307	0.86						
308	0.89						
309	0.88		0.87		19.0	科 H－016	灰渣土
310	0.86						
311	0.83						
312	0.87						

序号	强度（MPa）		平均值（MPa）		含水量	检验报告	说明
	7 d	28 d	7 d	28 d	（%）	编号	
313	0.63						
314	0.62						
315	0.64		0.66		19.0	科 H－017	灰渣土
316	0.67						
317	0.67						
318	0.71						
319	0.67						
320	0.53						
321	0.67		0.64		20.0	科 H－018	灰渣土
322	0.68						
323	0.66						
324	0.61						

表 5-6　现场采集混合料强度汇总（底基层）（二）

序号	强度（MPa）		平均值（MPa）		含水量	检验报告	说明
	7 d	28 d	7 d	28 d	（%）	编号	
1	0.73						
2	0.87						
3	0.65						
4	0.80						
5	0.72						
6	0.66						
7	0.72		0.75		8.0	科 S－001	灰碴土碎石
8	0.83						
9	0.79						
10	0.70						
11	0.72						
12	0.82						
13	0.76						

序号	强度(MPa)		平均值(MPa)		含水量	检验报告	说
	7 d	28 d	7 d	28 d	(%)	编号	明
14	0.74						
15	0.81						
16	0.82						
17	0.79						
18	0.71						
19	0.75						
20	0.80		0.77		8.7	科 S - 002	灰碴土碎石
21	0.72						
22	0.74						
23	0.76						
24	0.87						
25	0.80						
26	0.76						
27	1.01						
28	1.03						
29	0.97						
30	1.09						
31	1.12						
32	0.93						
33	1.13		1.02		8.3	科 S - 003	灰碴土碎石
34	1.00						
35	1.06						
36	0.97						
37	0.95						
38	1.03						
39	0.97						

序号	强度（MPa）		平均值（MPa）		含水量	检验报告	说
	7 d	28 d	7 d	28 d	（%）	编号	明
40	0.97						
41	0.93						
42	1.03						
43	1.01						
44	1.08						
45	1.05						
46	0.94		0.98		8.6	科 S - 004	灰碴土碎石
47	0.95						
48	0.90						
49	0.96						
50	0.97						
51	1.00						
52	0.93						
53	1.03						
54	1.01						
55	0.98						
56	1.09						
57	0.91						
58	0.89						
59	1.00		1.01		9.0	科 S - 005	灰碴土碎石
60	1.04						
61	0.93						
62	1.06						
63	1.04						
64	1.22						
65	0.99						

| 序号 | 强度（MPa） | | 平均值（MPa） | | 含水量 | 检验报告 | 说 |
	7 d	28 d	7 d	28 d	（%）	编号	明
66	0.58						
67	0.75						
68	0.67						
69	0.60						
70	0.58						
71	0.64						
72	0.60		0.64		8.5	科 S – 006	灰碴土碎石
73	0.72						
74	0.59						
75	0.57						
76	0.75						
77	0.55						
78	0.67						

表 5-7 现场取芯强度汇总

序号	桩号（位置）	强度值（MPa）	检验报告编号	说明
3	K7 + 090 右	0.71	科 Q – 001	
7	K7 + 125 中	0.72	科 Q – 002	
9	K7 + 130 右	0.69	科 Q – 003	
14	K7 + 165	0.66	科 Q – 004	
18	K7 + 180 右	0.67	科 Q – 005	
25	K7 + 215 中	0.81	科 Q – 006	
27	K7 + 220 右	0.65	科 Q – 007	
30	K7 + 300 左	0.64	科 Q – 008	
31	K7 + 330 右	0.67	科 Q – 009	

参照照片如图 5-2~图 5-5 所示。

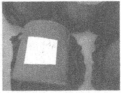

图 5-2　现场制备试件图照

图 5-3　现场取芯试样图照(一)

图 5-4　现场取芯试样图照(二)

图 5-5　芯样破坏后图照

十、石灰碱渣稳定土的其他力学指标

为检验石灰碱渣稳定土的其他力学性能是否改变土的性质,分别对石灰碱渣稳定土的其他几种力学指标进行了试验,试验成果如表 5-8、图 5-6、图 5-7 所示。

表 5-8　土工试验成果

实验室编号	土样编号	工程分类 土样分类与定名	土的物理性质						界限含水率				压缩性		快剪(q)		三轴(uu)	
			含水率 W	比重 G_s	湿密度 ρ	干密度 ρ_d	饱和度 s_r	孔隙比 e	液限 ω_L	塑限 ω_P	塑性指数 I_P	液性指数 I_L	压缩系数 a_{v1-2}	压缩模量 E_{s1-2}	凝聚力 c	摩擦角 φ	凝聚力 C_u	摩擦角 φ_u
—	—	国家标准	%	—	g/cm³	g/cm³	—	%	%	%	—	—	MPa⁻¹	MPa	kPa	(°)	kPa	(°)
1	K7+170右	混合土	16.6	2.7	1.7	1.46	52.6	0.852	36.2	26.8	9.4	-1.0	0.072	25.89	149	24.5	192	33.2
2	K7+185右	混合土	20.6	2.7	1.7	1.41	60.8	0.915	36.5	27	9.5	-0.6	0.092	20.71	162	23.2	290	33.3
3	2	混合土	13.7	2.7	1.81	1.59	53.1	0.696	36.7	27	9.7	-1.3	0.16	10.57	237	26.8	352	34.3
4	0	混合土	13	2.7	1.8	1.59	50.5	0.695	37	27.1	9.9	-1.4	0.15	11.34	219	29.5	338	34.5
5	K7+190右	混合土	20.9	2.7	1.78	1.47	67.7	0.834	36.5	26.9	9.6	-0.6	0.185	9.91	180	30	207	34.4
6	K7+220左	混合土	20.9	2.7	1.78	1.47	67.7	0.834	36.2	26.8	9.4	-0.6	0.188	9.77	198	29	189	34.9
7	K7+075	混合土	21.9	2.7	1.76	1.44	68	0.87	36.3	26.8	9.5	-0.5	0.076	24.69	204	27.5	192	33.8
8	K7+125左	混合土	21.9	2.7	1.76	1.44	68	0.87	36.8	27.1	9.7	-0.5	0.107	17.43	220	26	200	34
9	1-1	混合土	16.7	2.7	1.99	1.71	77.3	0.583	36.3	26.9	9.4	-1.0	0.056	28.35	264	32	279	34.2
10	2-1	混合土	16.7	2.7	1.97	1.69	75.2	0.599	36.5	26.9	9.6	-1.0	0.055	29.21	239	30.65	326	34.4
11	3-1	混合土	16.4	2.7	1.99	1.71	76.4	0.579	37	27.1	9.9	-1.0	0.053	29.56	280	29	281	33.4

续表 5-8

实验室编号	土样编号	湿陷性			土的膨胀特性				无侧限抗压强度 q_u	渗透性	颗粒组成						说明
		湿陷变形系数 ζ_s 200 kPa	湿陷起始压力 P_{sh}	自重湿陷系数 ζ_{zs}	自由膨胀率 ζ_{cf}	有荷膨胀率 ζ_{cp}	无荷膨胀率 ζ_c	膨胀力 P_p		垂直 K_v	砾石 >2.00 mm	粗砂 2.00~0.50 mm	中砂 0.50~0.25 mm	细砂 0.25~0.75 mm	粉粒 0.75~0.05 mm	黏粒 <0.05 mm	
—	—	—	kPa	—	%	%	%	kPa	kPa	cm/s	%	%	%	%	%	%	%
1	K7+170右	0		0	25	-0.3	0.04	12.2	1 075	$1.40×10^{-5}$							
2	K7+185右	0		0	25	-0.49	0.06	12.1	894	$2.30×10^{-5}$							
3	2	0		0	24	-0.4	0.08	6.88		$2.30×10^{-5}$							
4	0	0		0	23	-0.37	0.07	4.96		$2.50×10^{-5}$							
5	K7+190右	0		0	24	-0.21	0.07	3.32		$2.90×10^{-5}$							
6	K7+220左	0		0	24	-0.23	0.06	5.1		$2.60×10^{-5}$							
7	K7+075	0		0	20	-0.19	0.05	4.35		$3.20×10^{-5}$							
8	K7+125左	0		0	21	-0.22	0.07	5.78		$2.80×10^{-5}$							
9	1-1	0		0	28	-0.39	0.18	12.5		$3.20×10^{-5}$							
10	2-1	0		0	27	-0.34	0.13	19.6		$4.00×10^{-5}$							
11	3-1	0		0	28	-0.31	0.11	32.3		$2.80×10^{-5}$							

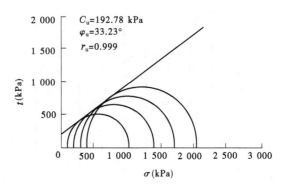

（No.1）

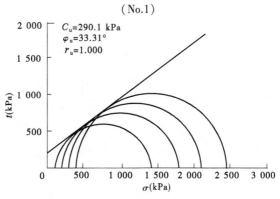

（No.2）

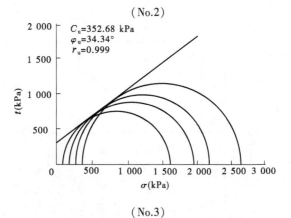

（No.3）

图 5-6　三轴试验曲线（不固结不排水剪强度包线）

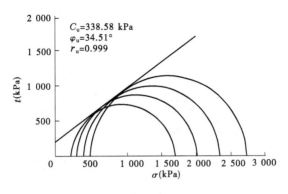

（No.4）

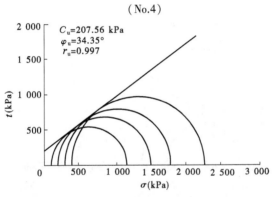

（No.5）

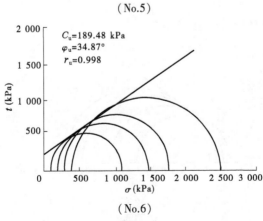

（No.6）

续图 5-6

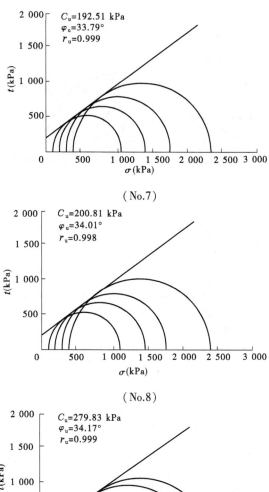

（No.7）

（No.8）

（No.9）

续图 5-6

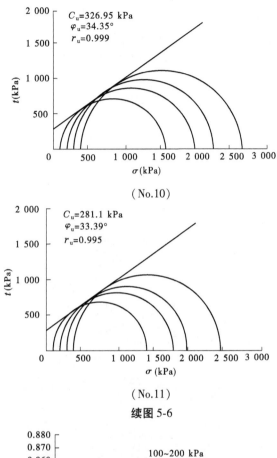

（No.10）

（No.11）

续图 5-6

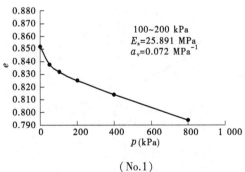

（No.1）

图 5-7　压缩试验曲线（e—p 关系曲线）

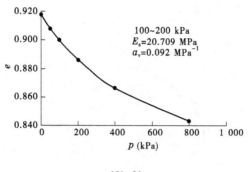

（No.2）

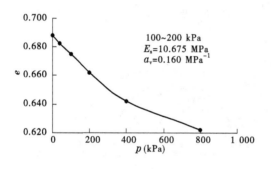

（No.3）

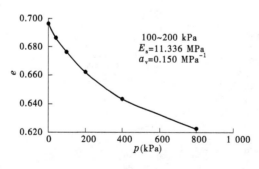

（No.4）

续图 5-7

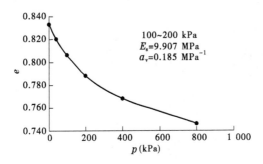

（No.5）

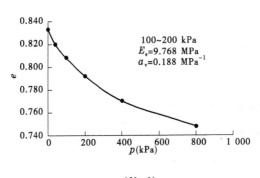

（No.6）

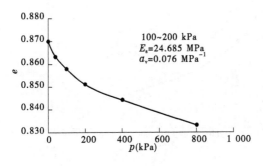

（No.7）

续图 5-7

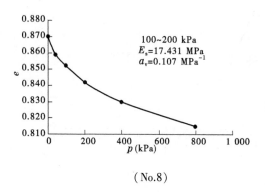

（No.8）

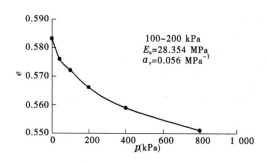

（No.9）

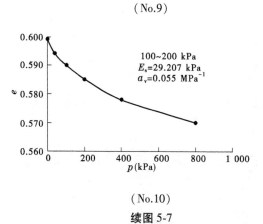

（No.10）

续图 5-7

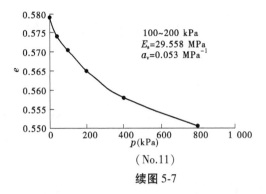

（No.11）

续图 5-7

第四节 试验路段的试验结果

（1）松铺系数：1.2；

（2）最大干密度：1.72 t/m³；

（3）最佳含水量：15%；

（4）现场制备无侧限抗压强度：见表 5-5 和表 5-6；

（5）现场取芯无侧限抗压强度：见表 5-7；

（6）渗透系数：$K_v = 2.6 \times 10^{-5}$ cm/s；

（7）湿限性和湿涨性试验：（200 MPa）为 0；

（8）直剪试验：凝聚力 $c = 185.5$ kPa，摩擦角 $\varphi = 26.7°$；

（9）静三轴试验：凝聚力 $C_u = 211.67$ kPa，摩擦角 $\varphi = 33.93°$；

（10）压缩试验：压缩试验系数为 0.1~0.2 MPa⁻¹，属中等压缩土；

（11）膨胀性试验：自由膨胀率为 20%~28%；

（12）石灰碱渣稳定土氯离子溶出量测定：23~25 g/kg；

（13）石灰碱渣稳定土经压实固定转化后，现场取芯氯离子溶出量测定：13~14 g/kg；

（14）土壤对氯离子吸附量的测定：1.6 g/kg。

第五节 施工中应注意的问题

一、碱渣的运输和要求

碱渣拉运前在渣场应进行初步晾晒,尽量降低碱渣中的含水量,装车时不得有大型结团、结块现象;拉运时应封闭车箱,以防止扬尘和脱落。

二、碱渣含水量的控制

碱渣与生石灰初次掺拌前做含水量试验,根据石灰消解水用量试验结果,控制碱渣含水量略低于生石灰消解需水量。

三、生石灰消解用水量的控制

初拌过筛后的剩余生石灰进行二次消解时应注意消解水的用量,尽量使消石灰的含水量接近混合料的最佳含水量。

四、石灰、碱渣配合比及施工参数控制

在石灰碱渣稳定土的施工中可以检测石灰剂量,土与碱渣的比例只能在施工中进行控制,若控制不好,不仅影响强度,还会对压实度产生较大影响。实际上,土与碱渣不同于砂砾和碎石,后者在装卸和摊铺过程中体积变化不大,而土和碱渣经装卸、运输、摊铺都会使体积发生较大变化,试验时测量的松干密度又总是偏小,若用其松干密度去计算虚铺厚度将使工地用量偏多。因此,最直接的办法是采用稳压厚度控制的办法,即固定稳压的压路机型,实测稳压后混合料的干密度,通过抽检稳压厚度来控制土与碱渣的比例。

五、最大干密度的控制

取现场拌制好的混合料六组进行重型击实试验,舍去变异系数,然后取其平均值,与试验时的最大干密度进行比较,发现现场最大干密度

低于实验室最大干密度,其原因是碱渣中的水分不易吸出,自然干燥的碱渣含水量一般在 22%~28%。因此,得出结论:在实验室中进行击实试验时,碱渣不宜烘干至最佳含水量以下,应控制在 22%~28%,这样得出的最大干密度与实测最大干密度才比较接近,所检测的压实度才具有代表性。

六、稳定土基层路面的养护

碱渣具有强吸水性强的特性,因此应注意在碾压时及时进行表面补水,防止因表面失水造成的横向裂缝,并注意碾压终了后及时覆盖保湿养护。同时,在进行下道工序施工前不得自然暴晒。

七、对施工机械的要求

在条件许可的情况下尽量选择 18 t 钢三轮和 25 t 压路机的压实机械组合,并控制每个作业段的长度不大于 500 m,缩短压实时间,避免表层失水。

第六章　工业碱渣在公路工程应用后对环境影响的评估和分析

第一节　评估执行标准

一、地下水环境质量标准

地下水质量评价执行《地下水质量标准》(GB/T 14848—2017)中的Ⅲ类标准,见表6-1。

表6-1　《地下水质量标准》Ⅲ类标准值

项目	总硬度	硫酸盐	氧化物	亚硝酸盐
标准值 (mg/L)	≤450	≤250	≤250	≤1

二、土壤环境质量标准

土壤环境质量评价执行《土壤环境质量标准》(GB 15618—2018)。

第二节　焦作市自然环境状况

一、环境概况

焦作市位于北纬34°45′~35°25′,东经112°30′~113°30′,在河南省西北部。焦作市是河南省北部的一个煤都,是晋煤外运的咽喉要道,属暖温带大陆性季风气候,年平均气温14 ℃,雨量适中,光照充足,四季分明。总面积4 071 km²,市区面积414 km²。北部为山区,南部为沁河、黄河冲积平原,地势北高南低,地形地貌复杂多变。境内除有黄河、沁河、丹河等地表水外,还是个天然地下水汇集盆地,总储水量达 35.4 亿 m³。

二、地形地貌

焦作地处太行山脉与豫北平原的过渡地带,地势由西北向东南倾斜,由北向南渐低,从北部山区到南部平原呈阶梯式变化,层次分明。总的地势是北高南低,自然平均坡度为 2‰,最高处海拔 1 955 m,最低处海拔 90 m,地面高差达 1 800 多 m。

(一)山地

焦作地区的山地为中山(1 000 m 以上)和低山(500~1 000 m),分布于修武北部,经焦作、博爱至沁阳西部,是太行山系的组成部分。该区平均海拔在 500 m 以上,坡向多为南坡或西南坡,坡度在 20°以上。焦作的山地地形复杂,各山岭间由峡谷相连,山势陡峻,山谷切割较深,呈 V 形,阴坡一般较陡,土层深厚。

(二)丘陵

丘陵区分布在山区外侧,是山区与平原的过渡地带,海拔介于 150~250 m,坡度在 10°~20°,总面积约 300 km²。该区大部分耕地凹凸不平,呈梯田状,有众多的黄土冲沟,高低起伏,没有明显的山丘,亦可称为岗地。

(三)平原

平原区分布于南部地区,一部分为太行山洪冲积扇,另一部分为黄河、沁河滩地,冲积厚度为 200~800 m,地势平坦,地下水丰富,土地肥沃,灌溉方便,海拔 90~150 m,是焦作粮、棉、油、菜的主要产区。

三、大气降水及地下水

(一)大气降水

焦作市平均年降水量为 584 mm,年降水量最多为 908.7 mm(1964年)、最少为 333.3 mm(1965 年),降水时空分布不均,北部山区偏大、南部平原区偏小,自北向南递减。春季降水 90~100 mm,山区多于平原区;夏季降水 325～360 mm;秋季降水 150～160 mm;冬季降水 25 mm 以下,山区与平原区相近。

焦作市一般年份初雪期在 12 月上旬,历年平均初积雪日在 12 月下旬,平均终积雪日在 2 月中旬,冰冻期一般在 11 月至次年 3 月,采暖期一般在 12 月至次年 2 月。由于焦作属于季风气候,降水量年内分配很不均匀,6~9 月降水量占全年降水量的 70%;12 月至次年 3 月降水量仅占全年降水量的 7%,12 月降水最少。秋雨多于春雨,一般多 50 mm 左右。

(二)地下水

1.平原区浅层地下水

焦作的平原包括山前倾斜平原与冲洪积平原,北靠太行山南麓,南邻黄河。在古地理环境、河网发育、地理构造的影响制约下,形成两种储水构造,即自流斜地与自流盆地。自流斜地主要分布于山前一带,由冲洪积扇组成,地下水丰富;地下水排泄形式,东部以泉群溢出带为主,西部以潜流为主。自流盆地分布于焦作西部地区,山前侧渗以及地表水下渗是盆地内地下水主要补给来源,盆地北、西、南部为补给区,东部为排泄区,水力坡度 1‰~4‰。焦作市浅层地下水的流向是西北—东南。中部地下水埋深 4~6 m,南部(焦作高新技术产业开发区)地下水埋深平均约 0.5 m。

2.矿区岩溶地下水

焦作矿区地下水主要补给来源于大气降水和地表水入渗,补给区多年平均降水量 670 mm,面积 1 843 km²,其中灰岩出露面积 1 803 km²,且岩层巨厚,降水入渗系数平均 0.36 左右,为地下水的形成和储存提供了良好条件。因此,形成焦作矿区地下水天然汇集盆地,矿区地下水补给面积大,补给、汇集、储存条件优越,资源丰富,稳定可靠。水质无色、无味、透明度好,酸碱度适中,总硬度、暂时硬度及硫酸根离子、氯离子、游离二氧化碳均符合国家饮用水标准,水质良好,适宜饮用及工业冷却用水。

第三节　工程污染源分析

一、工业碱渣在公路工程中应用的形式

公路路床是路面的基础,是指路面底面以下 80 cm 范围内的路基部分,承受由路面传来的荷载。它在结构上分为上路床(0~30 cm)及下路床(30~80 cm)两层。路面(包括路面结构层)直接铺设在路床上。因此,对路床,特别是上路床的土质、粒径、压实度都有严格要求,必须均匀、密实、强度高,不得有松散和软弹现象。挖方路基的路床,必须平整、密实,用重型压路机压实至规定的压实度。为了确保路面各结构层厚度均匀和排水需要,路床表面必须做成与路面一致的路拱横坡度。一般公路(填土路基)结构层设计图如图 6-1 所示。

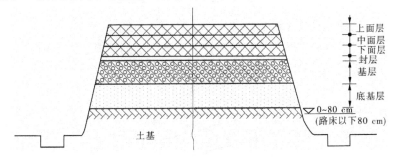

图 6-1　一般公路(填土路基)结构层设计图

碱渣使用的部位和使用范围如下:

(1)碱渣经过加工后配制成公路路床改性土,主要用于路基顶面标高下-20 cm,即公路路基顶层,远离地下水[《公路路基设计规范》(JTG D30—2015)要求]。对于高速公路主要起提高密实度、增加整体强度,即稳定性的作用。

(2)路面结构层底基层(可用于所有等级公路的底基层)。

(3)路面结构层基层(加入稳定粒料后,可用于二级和二级以下路面结构层的基层、底基层)。

（4）路面结构层基层（主要用于三级路以下）。

（5）可用于铁路、土木建筑、水利建设（地下水源在 2 m 以下）的回填土加固工程。

二、碱渣使用后氯离子溶出率及黏土对氯离子的吸附能力研究

一般的看法是，碱渣中的游离氯离子对周围环境会造成一定程度的影响，所以其中所含的游离氯离子的量决定了碱渣的综合利用前景。本节对碱渣中和石灰碱渣稳定土中游离氯离子的最大溶出率以及黏土对游离氯离子的吸附能力进行了研究，结果如表 6-2 所示。

表 6-2　纯碱渣和新配制石灰碱渣稳定土中氯离子最大溶出率

稳定中碱渣配合比(%)	纯碱渣	12	14	16	18
最大溶出率(g/kg,干样)	142.9	18.5~21.0	20.5~22.5	23.3~28.2	26.5~28.8

（一）养护时间对石灰碱渣稳定土中游离氯离子的影响

本书对养护时间与石灰碱渣稳定土试件中的氯离子溶出率的关系进行了研究，结果如图 6-2 所示。

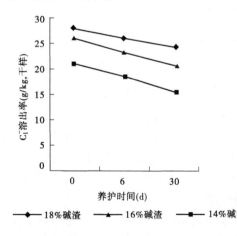

图 6-2　养护时间对石灰碱渣稳定土中游离 Cl⁻溶出率的影响

从图 6-2 可以看出，随着养护时间的延长，石灰碱渣稳定土中游离

Cl⁻的含量逐渐减少,说明碱渣中的游离 Cl⁻参与了石灰—碱渣—土之间的化学反应,游离 Cl⁻的存在有利于它们之间的反应,对稳定土早期强度的增长有利。

（二）黏土、粉煤灰对 Cl⁻吸附能力

本书研究了黏土对游离 Cl⁻的吸附能力,试验结果如表 6-3 所示。

表 6-3　黏土和粉煤灰对碱渣中游离的 Cl⁻吸附能力

吸附材料	黏土	粉煤灰
Cl⁻吸附量(g/kg)	1.6	1.8

从表 6-3 中数据可以看出,黏土和粉煤灰对稳定土中游离 Cl⁻的吸附能力较低,靠黏土和粉煤灰来减少游离 Cl⁻含量,减轻其对环境的影响是不可行的。

碱渣使用的掺拌方式和使用比例:石灰碱渣和复合外加剂均匀掺拌后配制成公路路面结构层稳定土,控制其碱渣成分占 16%以内。具体参数如下:土方密度 1.60 t/m³;土对 Cl⁻的吸附量 1.6 g/kg;稳定土的密度 1.72 kg/cm³;压实度 93%。7 d 无侧限饱水抗压强度 ≥0.8 MPa;残余氯离子含量 4.6 kg/m³。

三、工业碱渣在公路工程应用中可能产生的二次污染因素

（一）碱渣的化学成分分析

碱渣(干基)的化学成分含量如表 6-4 所示。由表 6-4 可知,工业碱渣在公路工程应用中可能产生二次污染的因素为碱渣中的氯离子。

表 6-4　碱渣(干基)的化学成分含量

成分	$CaCO_3$	CaO	$CaCl_2$	$CaSO_4$	NaCl	Al_2O_3	SiO_2	$Mg(OH)_2$	其他
含量(%)	47.31	3.12	2.98	9.60	4.70	1.85	4.92	11.20	14.32

（二）土和粉煤灰对碱渣中氯离子的吸附量及石灰碱渣稳定土的氯离子含量测定试验

土和粉煤灰对碱渣中氯离子的吸附量如表 6-5 所示。石灰碱渣稳

定土的氯离子含量测定试验如表 6-6 所示。

表 6-5　土和粉煤灰对碱渣中氯离子的吸附量　（单位：g/kg，干基）

试样名称	送样时间 （月-日）	吸附量	说明
土	04-29	1.6	6 组平均值，马村农田土
粉煤灰	04-29	1.9	4 组平均值，焦作电厂

表 6-6　石灰碱渣稳定土的氯离子含量　（单位：g/kg，干基）

送样时间 （月-日）	试样配合比	试样规格	氯离子 含量	说明
04-02	纯碱渣	干基	142	焦作洪河碱渣场
03-29	2：16：82	混合土	26.47	实验室制备试件
04-03	3：14：83	混合土	25.33	实验室制备试件
04-01	2：18：80	混合土	33.0	实验室制备试件
04-01	1：18：81	混合土	33.4	实验室制备试件
04-05	2：16：82	混合土	29.82	实验室制备试件
05-12	3：16：81	混合土	23.75	试验路段第一段制备土样
05-12	3：16：81	混合土	23.89	试验路段第二段制备土样
05-12	3：16：81	混合土	40.52	试验路段第三段制备土样
04-03	2：16：82	试件标养 6 d	20.63	试件为 ϕ 10 cm×10 cm
04-12	3：14：83	试件标养 9 d	18.62	试件为 ϕ 10 cm×10 cm
04-30	3：16：81	ϕ 15 cm×15 cm	15.42	试验路段第一段取 1[#]芯样
04-30	3：16：81	ϕ 15 cm×15 cm	12.47	试验路段第一段取 2[#]芯样
05-12	3：16：81	ϕ 15 cm×15 cm	15.03	试验路段第二段取 1[#]芯样
05-12	3：16：81	ϕ 15 cm×15 cm	12.56	试验路段第二段取 2[#]芯样
05-12	3：16：81	ϕ 15 cm×15 cm	13.26	试验路段第三段取 1[#]芯样

　　由表 6-5 和表 6-6 可知，土和粉煤灰对碱渣中氯离子吸附作用明

显。石灰碱渣稳定土的氯离子含量远低于纯碱渣的氯离子含量。

第四节　环境影响评估

一、路面结构无损情况下对环境的影响分析

碱渣经过加工后,配制成公路路床改性土或路面结构层稳定土,主要用于路基以上的路床或底基层、基层,远离地下水[《公路路基设计规范》(JTG D30—2015)要求]。通常高速公路和一般二级公路在基层上方都加有封层(起防水作用),因此在路面结构不发生破坏的情况下,石灰碱渣稳定土中的氯离子得不到大气降水的淋溶,故不能对底层和周围土壤及地下水造成污染。

二、路面结构破损情况下对环境的影响分析

在路面结构发生破坏的情况下,断层及断层破碎带成为水力上下联系的通道,为碱渣中污染物(经淋溶而产生的氯离子)的下渗提供了通道,也为污染物的迁移提供了条件。

(1)当路面面层遭受破坏后,大气降水进入路面结构层,使部分路面出现坑槽,影响正常行车,公路养护部门将会采取积极措施进行修复。不会让大气水继续浸泡基层或底基层,所以作为基层和底基层石灰碱渣稳定土的氯离子溶出是有限的,而且只会对基底土壤土基产生局部污染,不会造成大面积的土壤和地下水污染。

(2)由于石灰碱渣稳定土中的碱渣成分仅占16%以内,经试验证明,碱渣中的氯离子经过固定转化后其含量在18 g/kg以下,土壤对氯离子的吸附量为1.6 g/kg,当地下水位在距底基层2 m以上时,即使道路损坏得不到修复,所有的氯离子全部淋溶出,此时被基底土壤吸附的情况计算如下:

①基本参数:土方密度1.60 t/m³,土对氯离子的吸附量为1.6 g/kg,石灰碱渣稳定土的密度1.72 kg/cm³,压实度93%。

②土基质量计算式为:面积×深度×土方密度＝土的质量＝1 m²×2

$m \times 1.60 \ t/m^3 = 3.2 \ t$。

③氯离子的容纳量计算式为：土的质量×氯离子吸附量＝氯离子的容纳量＝$3.2 \ t \times 1.60 \ kg/t = 5.2 \ kg$。

④每立方米石灰碱渣稳定土中的氯离子含量＝石灰碱渣稳定土的干密度×压实度×碱渣含量×碱渣中氯离子含量＝$1.720 \ t \times 0.93 \times 16\% \times 18 \ kg/t = 4.6 \ kg$。

最终得出：每立方米基底土壤氯离子的容纳量($5.12 \ kg$)＞每立方米石灰碱渣稳定土中的氯离子含量($4.6 \ kg$)。

由以上计算可知,当地下水位在距底基层 2 m 以上时,即使道路损坏得不到修复,所有的氯离子全部淋溶出后,均被基底土壤吸附容纳,不会迁移至浅层地下水,因此不会造成对地下水的污染。

第五节　结　论

(1)碱渣经过加工后配制成公路路床改性土和路面结构层稳定土,在路面结构不发生破坏的情况下,石灰碱渣稳定土中的氯离子得不到大气降水的淋溶,故不会对底层和周围土壤及地下水造成污染。

(2)在路面结构发生破坏的情况下,断层及断层破碎带成为水力上下联系的通道,为碱渣中污染物(经淋溶而产生的氯离子)的下渗提供了通道,也为污染物的迁移提供了条件。当地下水位在距底基层 2 m 以上时,即使道路损坏得不到修复,所有的氯离子全部淋溶出后,均被底基层土壤吸附容纳,不会迁移至浅层地下水,因此不会造成对地下水的污染。

(3)碱渣对公路基底土壤的影响表现为土壤的局部盐碱化。由于公路基底土壤的应用功能区别于《土壤环境质量标准》(GB 15618—2018)所规定的三类土壤环境质量保护的目标范围,因此碱渣对公路基底土壤的局部盐碱化影响是可接受的。

第七章　石灰稳定土与石灰碱渣稳定土成本比较和效益分析

为检验石灰稳定土的适用经济性,分别对试验段石灰稳定土和石灰碱渣稳定土进行比较。

第一节　石灰稳定土的成本分析

一、配合比

石灰:土=12:88;

最大干密度:1.78 t/m^3;

最佳含水量:15.3%;

压实度:93%;

单位:10 m^3。

二、材料用量

混合料质量:10 m^3×1.78 t/m^3=17.8 t;

考虑93%压实度后质量:17.8 t×93%=16.55 t;

石灰用量:16.55 t×12%=1.99 t(干);

土用量:16.55 t×88%=14.56 t(干)。

三、天然状态下材料用量

石灰用量:1.99 t×1=1.99 t;

土用量:14.56 t×(1+13.2%)=16.48 t;

　　　　 16.48 t÷1.3 t/m^3=12.68 m^3。

四、材料取定价(按 5 km 运距)

石灰:120 元/t;

土:8 元/m³。

五、混合料单价

1.99 t×120 元/t+12.68 m³×8 元/m³=340.2 元。

第二节　石灰碱渣稳定土的成本分析

一、配合比

石灰:碱渣:土:外加剂=3:14:82:1;

量大干密度:1.72 t/m³;

最佳含水量:15%;

单位:10 m³。

二、材料用量

混合料质量:10 m³×1.72 t/m³=17.2 t;

考虑 93% 压实度后质量:17.2 t×93%=16.00 t;

石灰用量:16.00 t×3%=0.48 t(干);

碱渣用量:16.00 t×14%=2.24 t(干);

土用量:16.00 t×82%=13.12 t(干)。

三、天然状态下材料用量

石灰用量:0.48 t×1=0.48 t;

碱渣用量:2.24 t×(1+50%)=3.36 t(碱渣含 50%);

土用量:13.12 t×(1+13.2%)=14.85 t;

$\quad\quad\quad$14.85 t÷1.3 t/m³=11.42 m³;

外加剂用量占石灰用量 0.33%:0.48 t×0.33%×1 000 kg/t=1.58 kg。

四、材料取定价（按 5 km 运距）

石灰：120 元/t；

土：8 元/m³；

碱渣：15 元/t；

外加剂：0.25 元/kg。

五、混合料单价

0.48 t×120 元/t+3.36 t×15 元/t+11.42 m³×8 元/m³+1.58 kg×0.25 元/kg＝199.76 元。

第三节　两种稳定土的成本比较与社会效益分析比较

一、经济效益分析

从上述两组配合比中明显看出，石灰稳定土的石灰剂量是 12%，加入碱渣后的混合料稳定土的石灰剂量为 3%。可见，碱渣的加入可以大大地减少石灰用量，亦能满足强度的要求，且不会产生污染。从两种混合稳定土的材料单价比较看，每生产 10 m³ 的石灰碱渣稳定土材料单价为 199.76 元，而石灰稳定土的材料单价为 340.2 元，降低材料成本价为 46.3%，由此推算，若在高速公路上使用，就仅底基层一个分项每千米即可降低成本 64 000 元，若作为高速公路路床改性土使用，石灰剂量可降至 1%，经济效益会更加明显。

二、社会效益分析

随着我国基础建设速度的加快，公路、铁路、大型水利、城市建筑等基础建设投入逐年增加。土与石灰作为一种常用的主要建筑材料，对其需求量也越来越大。由此而产生的资源破坏与建设需求量增加的矛盾也愈加明显。因此，将工业碱渣作为一种再生资源用于工程建设，既可节约资源又可利用废物,达到循环利用的目的,其经济效益和社会效益也是不言而喻的。

　　工业碱渣作为一种环境污染源对人们的生产生活存在严重的威胁,本书对其实施综合利用。从环保部门检测的结果来看,综合利用后碱渣中有害成分不同程度地得到减弱或消除,对人们生活的危害程度也大大地减轻,从环境保护程度上来讲,具有十分重要的积极意义。

第八章　结论与建议

（1）碱渣作为一种有用的自然资源，添加一定比例活性剂后制成换填土改性剂或公路路面结构层综合稳定材料的固化剂，用于公路、铁路、水利和土木建设工程中是可行的。

（2）氨碱法制碱所产出的碱渣中 $CaCO_3$、CaO、$CaCl_2$、$Mg(OH)_2$ 等是可利用的胶凝材料。加入少量生石灰和其他活性物质后可作为一种土和其他粗骨料的新型胶结材料，是一种资源再生的新途径，变害为利，不仅解决了碱渣对环境的污染问题，而且可以降低工程建设的成本，达到循环经济的目的。它的推广实施可产生巨大的社会效益、经济效益和环境效益。

（3）该成果主要适用于土木工程、水电工程（公路、铁路、大型坝堤、大型建筑物的基础工程）回填土的改性补强，可用作公路（包括高等级公路）路面结构层底基层稳定材料和二级路以下的路面基层，与其他二灰稳定材料相比，具有强度高、水稳定性好、早期强度增长快、工艺简单、成本低廉、可操作性强等优势，一般适用于氨碱法制碱产生碱渣的地域，可达到彻底消除碱渣中氯离子对环境的污染的目的。

（4）该成果在推广应用中应注意以下几个方面：

①使用时应严格控制碱渣比例，碱渣在混合物中所占的比例以不大于20%为宜。

②尽量避免在浅地下水位（小于2 m）的地区使用，可通过检测土对氯离子的吸附量计算出铺筑厚度或使用量，以免结构破坏后淋溶氯离子对地下水造成再次污染。

③用于公路路面结构层稳定材料时，应根据土壤粒径的大小和塑性指数分别以12%~18%的碱渣、1%~4%的生石灰、添加1%的外加剂充分拌和后制成土壤的固化剂，然后配以80%~87%的黏土制成填土路基的改性土或公路路面结构层稳定土，并注意尽量采用重型压路机组合进行碾压，控制好摊铺厚度和含水量以及满足设计要求的压实度和强度。

参考文献

［1］王文举.工业废碱渣在公路建设中综合利用研究［C］//中国公路学会.第三届全国公路科技创新高层论坛论文集.北京:人民交通出版社,2006:976-983.

［2］李月永,闫澍旺,张金勇,等.碱渣的工程性质及其微结构特征［J］.岩土工程学报,1999,21(1):100-103.

［3］喻光勇,刘智慧.新型绿色无熟料碱渣胶凝材料［J］.西部交通科技,2015(7):26-28.

［4］于水军,毕文彦,王文举,等.工业碱渣在公路建设中的应用研究［J］.上海环境科学,2008(2):60-64.

［5］杨朝旭,解建光.碱渣、废混凝土改性淤泥质土作为路基填土的可行性研究［J］.公路工程,2010(1):72-75.

［6］陈颖.深厚碱渣一次加固方法研究及工程经验总结［J］.中国水运:下半月,2018(9):226-227.

［7］王艳彦,梁英华,芮玉兰.碱渣的综合利用发展状况研究［J］.工业安全与环保,2005(2):29-31.

［8］李洪远,孟伟庆,马春,等.碱渣堆场废弃地的生态恢复与景观重建途径探索［J］.环境科学研究,2008(4):76-80.

［9］黄玉龙.地基碱渣填筑施工技术［J］.交通科技,2010(B07):44-46.

［10］张渊,曹军,董云,等.温度对碱渣微结构影响的试验研究［J］.兰州理工大学学报,2013(5):126-129.

［11］田学伟,李显忠.唐山碱渣土的工程利用研究［J］.建筑科学,2009(7):77-79.

［12］杨久俊,谢武,张磊,等.粉煤灰—碱渣—水泥混合料砂浆的配制实验研究［J］.硅酸盐通报,2010(5):1211-1216.

［13］肖智旺,闫澍旺,孟祥忠.碱渣制工程土的应用研究［J］.港工技术,2002(4):36-38.

［14］赵由春,李树兴,郝鹏飞.碱渣制工程土研究与试验［J］.纯碱工业,2007(2):18-19.

［15］郭燕文,张明义,寇海磊,等.利用碱渣和粉煤灰制取工程土的室内试验研究

[J].青岛理工大学学报,2014(3):46-49.

[16] 茅爱新.氨碱法纯碱生产中废液及碱渣的综合利用[J].化学工业与工程技术,2001(2):31-32.

[17] 关云山.氨碱法纯碱生产中废液废渣的治理和综合利用[J].青海大学学报:自然科学版,2003(4):34-39.

[18] 李琳.碱渣的变形性质及微观机理的研究[D].天津:天津大学,2004.

[19] 张明义,韩凤芹,孙德庆,等.碱渣土的击实试验[J].青岛建筑工程学院学报,2003(4):5-7.

[20] 郝静然,牛文涛.纯碱渣强度形成机理与综合环境评价方法研究[J].化工管理,2016(26):92.

[21] 张晓晓.碱渣土路用性能研究与微观结构分析[D].天津:河北工业大学,2015.

[22] 赵洪亮.工业废料碱渣土工程特性的试验研究[J].港工技术,2000(4):49-50.

[23] 韩凤芹,张明义,周益众.碱渣土强度和变形的室内试验研究[J].青岛建筑工程学院学报,2004(1):20-22.

[24] 郭燕文.碱渣和粉煤灰液相混合制取工程土的试验研究[D].青岛:青岛理工大学,2013.

[25] 闫澍旺,孟祥忠,刘润.碱渣土的工程性能研究[J].矿渣勘查,2002(5):25-28.

[26] 毕大园,尹国勋,仝长水.焦作市某碱渣堆放场引起岩溶地下水氯离子污染的初步研究[J].中国岩溶,2003(2):83-87.

[27] 李琳,江志安.碱渣变形性质的试验研究[J].水文地质工程地质,2005(5):77-79.

[28] 赵献辉,刘春原,王文静,等.路堤填垫用碱渣拌合土物理力学性能试验研究[J].硅酸盐通报,2017(4):1406-1411.

[29] 王宝民,王立久,李宇.国内外碱渣治理与综合利用、进展及对策[J].国外建材科技,2003(2):47-48.

[30] 杨良佐,李永丹,张立红.碱渣的综合治理与利用[J].环境保护科学,2008(2):70-73.

[31] 严驰.纯碱渣强度形成机理与综合环境评价方法研究[D].天津:天津大学,2008.

[32] 田永淑.氨碱厂碱渣的综合利用[J].中国资源综合利用,2003(4):20-21.

[33] 王锐清.氨碱法纯碱生产废渣的开发利用进展[J].纯碱工业,2005(6):16-19.

[34] 钱春香,胡晓敏,王鸿博,等.碱渣用作沥青混合料填料的可行性研究[J].公

路交通科技,2006(4):14-18.

[35] 樊文熙,张振虎,王应富,等.焦作地区工业废渣分析与应用研究[J].焦作工学院学报,1999(5):345-348.

[36] 王新岐,胡军,徐京阔,等.碱渣在道路路基处理中的应用研究[J].城市道桥与防洪,2009(12):49-51.

[37] 徐京阔.碱渣路基处理研究[D].天津:天津大学,2007.

[38] 张明义,周霞,刘俊伟,等.碱渣资源化利用的工程性质试验研究[J].青岛理工大学学报,2018(4):5-8.

[39] 李婧,贺海.滨海新区中央大道工程的碱渣地基处理设计[J].天津建设科技,2007(B07):248-250.

[40] 叶国良,苗中海.碱渣的综合利用[J].港口工程,1998(1):10-16.

[41] 王连弟.碱渣排放滩涂的综合整治与地基加固技术[J].纯碱工业,2005(6):20-22.

[42] 雷晓,王琛.工业废渣在道路工程中应用的研究分析[J].科技视界,2014(29):301.

[43] 曹军,蒋海斌,张渊.碱厂碱渣基本理化及工程性质研究[J].盐业与化工,2016(1):37-40.

[44] 曹军,张渊.工业碱渣的基本物理性质研究[J].能源与环境,2013(5):13-14.

[45] 王芳,徐竹青,严丽雪,等.碱渣土工试验方法及其工程土特性研究[J].岩土工程学报,2007(8):1211-1214.

[46] 刘心中,姚德,董凤芝,等.碱渣(白泥)综合利用[J].化工矿物与加工,2001(3):1-4.